技術士第一次試験「電気電子部門」

択一式問題200選 第7版

福田 遵 編著

日刊工業新聞社

は じ め に

　電気電子部門の合格率が低迷を続けている状況を憂い、平成18年に本著の初版を出版し、多くの受験者から好評を得ました。以降、定期的な改訂を行ってきた結果、今回、第7版を発行できることをうれしく思っています。

　平成18年度試験までは、過去に出題された問題に類似した問題の出題は少なかったのですが、平成19年度試験からは過去に出題された問題を有効活用するという方針に変更され、過去に出題された問題と同一または類似の問題の出題が増えています。そういった傾向は、技術士第一次試験の試験科目全般で顕著となっており、電気電子部門の専門科目では、半分程度が過去問題と同一か類似の問題の出題となってきています。技術士第一次試験の専門科目問題は、35問出題された中から25問を選択して解答する形式の試験です。その解答した問題のうちの50%以上が正答であれば合格となります。言い換えると、35問中13問以上の正答を得れば合格となるわけですから、過去問題と同一・類似の問題だけを解答したとしても合格できるという結果になります。そういった状況を考慮し、本著は休日に自宅で勉強するような形式ではなく、通勤中の交通機関の中で読んでもらうだけで合格できる書籍を目指して制作してあります。具体的には、正誤の判断を行わせる問題については、正しい選択肢がなぜ正しいのか、誤っている選択肢のどこが誤っているのかを読んで理解してもらう形式にしてあります。また計算問題についても、扱っている内容が限定されているため、計算の手法に慣れさえすれば対応できます。そのため、本著に示された手法を理解し、本番の試験で出された条件や数値をその手法に当てはめていけば正答がみつかります。なお、正攻法の解法を使って解くと時間がかかる問題については、技術士第一次試験が五肢択一式であることを考慮し、容易な方法で明らかな誤りの選択肢を排除し、残りのものから選択する手法を説明しています。そういった点で、本著は技術士第一次試験の電気電子部門の専門科目に合格できるための書籍という認識で読んでもらえればと思います。

　技術士第一次試験の専門科目は、『4年制大学の自然科学系学部の専門教育課程修了程度』の内容の問題が出題されるとなっていますので、最近4年制大

学を卒業している方はまだ基礎的知識の記憶があると思いますから、本著を活用するだけで専門科目の合格を勝ち取ることができると思います。しかし、4年制大学を卒業していない方や4年制大学を卒業して長い年数を経ており、基礎的な内容の知識に自信がなくなっている方は、既刊の『技術士第一次・第二次試験「電気電子部門」受験必修テキスト』を使って基礎知識の復習をしてもらえればと考えます。この書籍は、技術士第一次試験で取り扱っている内容の基礎と、技術士第二次試験の専門知識問題で出題されると考える内容に特化して説明している書籍になっています。

　本著の大きな特徴としては、過去問題を項目別に整理するとともに、過去に出題された同一または類似の問題の出題年度を合わせて示している点です。これによって、出題の頻度や再度出題される可能性が推測できるようになっています。その結果として、年度別に解答例を示している書籍と比べると、はるかに効率的な勉強ができます。

　なお、本著の中に掲載した過去問題の最後の（　）内の数字は出題年度と問題番号を表しています。例として、（H30−1）は平成30年度試験のⅢ−1の問題という意味で、（R1−1）は令和元年度試験のⅢ−1という意味になります。また、令和元年度には悪天候で一部地域での試験が実施できず、受験できなかった受験者を対象に再試験が実施されましたが、再試験の問題は（R1再−X）と表示しています。

　技術士（電気電子部門）は、社会的には評価が高い資格です。著者も、この資格を得たことによって技術者として活動の場が広がると同時に、業務上でも評価してもらえ、技術者としては幸せな人生を過ごさせてもらっていると感謝しています。これから第一次試験に挑戦する皆さんも、近い将来に第二次試験を受験され、最終的には電気電子部門の技術士になられると思います。技術士になるまでの2つの関門を乗り越えるのは決して楽ではありませんが、試験に必要な知識の吸収源として本著が役立つと考えています。

　最後に本著の改訂に際して、強く後押しをしていただいた日刊工業新聞社出版局の鈴木徹さんをはじめとするスタッフの皆様に対し深く感謝いたします。

2023年4月

福　田　　遵

目　次

おわりに

第1章

技術士試験について

　過去問題を研究する前に、受験者として、技術士および技術士補の定義と、技術士試験制度を知っておく必要がありますので、そういった内容を最初に説明したいと思います。また、技術士第一次試験における電気電子部門の試験問題の出題傾向や合格率に関して、これまでの年度ごとの変化を把握しておくことも重要ですので、いくつかの視点から分析してみます。

1．技術士・技術士補とは

　技術士法は昭和32年に制定され、昭和33年から技術士試験（現在の技術士第二次試験）が実施されるようになりました。技術士制度を制定した当初の目的は、学会に博士という最高の称号があるのに対して、実業界で活躍する技術者にもそれに匹敵する最高の称号（資格）を設けようというものでした。現在の技術士制度の説明においても、『「科学技術に関する技術的専門知識と高等の専門的応用能力及び豊富な実務経験を有し、公益を確保するため、高い技術者倫理を備えた、優れた技術者の育成」を図るための国による技術者の資格認定制度です。』と示されています。

　その後、昭和58年に技術士補の資格を制定する技術士法の改正が行われ、昭和59年からは技術士第一次試験が実施されるようになりました。しかし、技術士補制度ができたにもかかわらず、技術士第一次試験の合格が第二次試験の受験条件というような2段階選抜制にはなっていなかったために、ほとんどの技術士第二次試験受験者は、第一次試験を受験することなく、7年以上の実務経験という受験資格で受験をして、技術士となっていました。それが、平成12年度の技術士試験制度改正で2段階選抜が義務づけられたことから、すべての受験者が技術士第一次試験を受験しなければならなくなりました。ただし、認定された教育機関のコースを卒業した人も、技術士第一次試験合格者と同じ修習技術者として認められるようになりましたので、認定されたコースを卒業した人たちは第一次試験を受験する必要はありません。そういった人たちが第二次試験を受験するようなケースも多くなっています。なお、大学卒業時に自分のコースが認定されていなかった人が受験資格を得るためには、技術士第一次試験に合格しなければなりません。

　令和元年度試験からは、専門科目の免除制度ができ、特定の資格試験合格者は専門科目の免除が適用されるようになりました。現在のところ、対象となる

技術部門は経営工学部門と情報工学部門のみで、電気電子部門は対象ではありません。

　それでは、技術士資格を定めている技術士法の目的とそこに示されている技術士および技術士補の定義を確認しておきます。

【技術士法の目的】

　　技術士法の目的は第1条に明記されており、「この法律は、技術士等の資格を定め、その業務の適正を図り、もって科学技術の向上と国民経済の発展に資することを目的とする。」と定められています。

　また、技術士および技術士補の資格については、技術士法第2条に次のように定められています。

【技術士】

　　「技術士」とは、登録を受け技術士の名称を用いて、科学技術（人文科学のみに係るものを除く。）に関する高等の専門的応用能力を必要とする事項についての計画、研究、設計、分析、試験、評価又はこれらに関する指導の業務（他の法律においてその業務を行うことが制限されている業務を除く。）を行う者をいう。

【技術士補】

　　「技術士補」とは、技術士となるのに必要な技能を修習するため、登録を受け、技術士補の名称を用いて、科学技術（人文科学のみに係るものを除く。）に関する高等の専門的応用能力を必要とする事項についての計画、研究、設計、分析、試験、評価又はこれらに関する指導の業務について技術士を補助する者をいう。

　法律では、上記のように定められていますが、実際にはどういった業務を行い、どういった特典があるのかを説明します。

　技術士になると建設業登録の専任技術者になれますが、それだけではなく、各種国家試験の免除などの特典もありますので、技術士を足がかりにして多くの資格を取得するチャンスが広がります。そういった点で、実務面で価値の高い資格となっています。具体的に、電気電子部門の技術士に与えられる特典に

は、次のようなものがあります。

　　①建設業の専任技術者

　　②建設業の監理技術者

　　③建設コンサルタントの技術管理者

　　④鉄道の設計管理者

　　⑤公害防止管理者

　　⑥原子力施設溶接検査員

　その他に、次のような国家資格試験の一部免除があります。

　　①弁理士

　　②中小企業診断士

　　③電気工事施工管理技士

　　④消防設備士

　こういった特典だけではなく、技術士は名刺にその名称を入れることが許されており、ステータスとしても高い価値をもっています。技術士の英文名称はProfessional Engineer, Japan（PEJ）であり、アメリカやシンガポールなどのPE（Professional Engineer）資格と同じ名称にはなっていますが、残念ながらこれらの国のように業務上での強い権限はまだ与えられていません。しかし、最近は企業において能力給を採用するところも増えており、そういった企業では、技術士は高い評価を得ています。また、最近進められている資格の国際化の面でも、APECエンジニアという資格の相互認証制度ができていますが、その日本側の資格として技術士と一級建築士が選ばれており、国際的な評価も高くなっています。

　一方、技術士補は技術士を補助するための資格であり、登録の際に補助する技術士を定め、その人を補助する場合にのみ技術士補としての資格で業務が行えるというもので、あくまでも技術士になるための修習期間中の資格となっています。ですから、技術士補の資格自体は個人の最終目標とはなりえませんので、基本的には技術士第二次試験の受験資格としての価値にとどまると考えた方がよいでしょう。

　こういったことを前提にして技術士試験制度を図示すると、図表1.1のよう

になります。通常技術士になるためには、まず技術士第一次試験に合格し、経験年数7年で技術士第二次試験を受験するという経路③を選択する受験者が9割以上を占めています。この経路の場合には、経験年数の7年には、技術士第一次試験に合格する以前の経験年数も算入できますので、技術士第一次試験合格の翌年度にも受験が可能となる人が多いからです。

【技術士試験の仕組み】

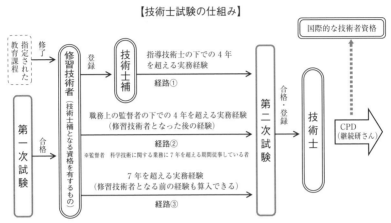

経路①の期間と経路②の期間を合算して、通算4年を超える実務経験でも第二次試験を受験できます。

図表1.1　技術士試験の全容

2. 技術士第一次試験について

ここでは、技術士第一次試験の全般概要について説明します。

(1) 試験科目

技術士第一次試験の受験科目には次の3科目があり、合格の判定は総合点ではなく、それぞれの科目別に判断が行われます。すべての科目で合格点を獲得した受験者が合格となりますので、すべての科目で合格点以上をとることを目標にしなければなりません。

(a) 基礎科目（I）

基礎科目（I）では、科学技術全般にわたる基礎知識を問う問題が、次の5群に分けて出題されます。出題内容は、4年制大学の自然科学系学部の専門教育課程修了程度です。

　（1群）設計・計画に関するもの（設計理論、システム設計、品質管理等）

　（2群）情報・論理に関するもの（アルゴリズム、情報ネットワーク等）

　（3群）解析に関するもの（力学、電磁気学等）

　（4群）材料・化学・バイオに関するもの（材料特性、バイオテクノロジー等）

　（5群）環境・エネルギー・技術に関するもの（環境、エネルギー、技術史等）

上記5群別にそれぞれ6問の問題が出題されますが、その中から各群から3問を試験会場で選択して解答します。問題形式は五肢択一式です。

基礎科目で50％以上の正答があれば基礎科目は合格となりますので、8問の正答を目標としなければなりません。

(b) 適性科目（II）

適性科目（II）では、技術士法第四章（技術士等の義務）の規定の遵守

に関する適性を問う問題が15問出題され、出題された問題すべてを解答します。問題形式は五肢択一式です。問題文や選択肢文が長いので、素早く読んで的確に内容を理解する力が求められます。

適性科目で50％以上の正答があれば適性科目は合格となりますので、8問の正答を目標としなければなりません。

(c) 専門科目（Ⅲ）

専門科目（Ⅲ）では、技術部門に係る基礎知識及び専門知識を問う問題が35問出題され、その中から25問を選択して解答する形式になっています。出題内容は、4年制大学の自然科学系学部の専門教育課程修了程度で、問題形式は五肢択一式になっています。

合格基準は50％ですので、13問の正答を目標としなければなりません。最近では、電気電子部門の場合は「電気応用」、「電子応用」と「情報通信」の問題が多くなっていますので、これらの分野について積極的に勉強する必要があります。

(2) 受験資格と試験科目免除

技術士第一次試験の受験資格には、年齢・学歴・国籍・業務経歴などの制限はまったくありません。

なお、すでに技術士資格を有している受験者には、試験科目の免除制度がありますので、そういった受験者は受験申込み案内を参照ください。ただし、免除科目の有無に関係なく受験手数料は同じになっており、令和5年度試験の受験手数料は11,000円です。

(3) 試験日程

受験申込書は6月中旬に配布が開始され、1週間程度後から受付が開始されます。試験は11月下旬の日曜日に実施されます（令和5年2月時点）。令和4年度試験では、試験は**図表1.2**に示す時間割で実施されました。

図表1.2　試験時間割（令和4年度試験例）

試験科目	時間割
専門科目（Ⅲ）	10：30〜12：30（2時間）
適性科目（Ⅱ）	13：30〜14：30（1時間）
基礎科目（Ⅰ）	15：00〜16：00（1時間）

　トイレ等の退出は、試験時間開始後60分以内と試験終了時間前10分以内を除いて許可されると定められていますので、基礎科目と適性科目では途中退出は認められていません。

（4）合格率

　技術士第一次試験における電気電子部門の受験者数と合格者数の推移をまとめたものが、次ページの**図表1.3**になります。

　図表1.3を見てわかるとおり、試験制度が変更になった平成25年度試験を除いて、例年2,600〜2,900名程度が技術士第一次試験の電気電子部門を受験していましたが、最近では2,000名程度に減少しています。過去の合格率（対受験者）をみると、電気電子部門では最低で20％程度から最高で60％程度の合格率まで、非常に大きく変動しています。基本的には、50％以上の合格率を目標として問題を作成していると言われていますが、年度によって大きく変動する点を認識して、確実に準備を進めていく必要があります。

● 補足

　技術士試験制度は複雑で、しかも毎年のように変更がなされています。また、試験制度自体を受験申込み前に知らなければ、合格を勝ち取ることが難しい試験でもあります。本著は、第一次試験における電気電子部門の専門科目の解答・解説を目的としていますので、そういった点についてはここでは詳述しません。

　申込書の配布時期などの試験に関する問い合わせについては、技術士第一次試験、技術士第二次試験とも下記の試験機関になります。より詳しい

情報については、直接問い合わせをしてください。

公益社団法人　日本技術士会　技術士試験センター

〒150-0011　東京都港区芝公園3丁目5番8号　機械振興会館4階

電話　03-6432-4585（代）

ホームページアドレス：www.engineer.or.jp

図表1.3　技術士第一次試験（電気電子部門）の受験者・合格者数

年　　度	申込者 （人）	受験者 （人）	合格者 （人）	合格率 （対申込者）	合格率 （対受験者）	全体合格率 （対受験者）
平成23年度	2,711	2,109	428	15.8%	20.3%	21.4%
平成24年度	2,696	2,076	1,221	45.3%	58.8%	63.3%
平成25年度	2,362	1,791	626	26.5%	35.0%	37.1%
平成26年度	2,689	1,950	1,030	38.3%	52.8%	61.2%
平成27年度	2,801	2,162	1,054	37.6%	48.8%	50.6%
平成28年度	2,701	2,130	1,026	38.0%	48.2%	49.0%
平成29年度	2,639	2,074	940	35.6%	45.3%	48.8%
平成30年度	2,339	1,743	663	28.3%	38.0%	37.8%
令和元年度	2,124	749	388	※1	51.8%	48.6%
令和元年度 再試験※2	890	377	193	21.7%	51.2%	58.1%
令和2年度	1,947	1,458	704	36.2%	48.3%	43.7%
令和3年度	2,198	1,548	513	23.3%	33.1%	31.3%
令和4年度	2,059	1,430	522	25.4%	36.5%	42.1%

※1：平成元年度試験は悪天候で東京会場と神奈川会場で試験が中止となったため、
　　　受験が実施された地区の申込者数が不明のため、算出できませんでした。
※2：受験できなかった人を対象に再試験が実施されました。

3. 専門科目（電気電子部門）の問題分析

　次章から、出題された問題の解答・解説を行いますが、解説は単に正答となる選択肢の解説を示すだけではなく、すべての選択肢について、考え方や正答ではない理由をできるだけ示すようにしました。そういった説明の中で、根拠として覚えておくべき技術事項を理解して、本番の試験で応用できるようにしてください。個々の分析に入る前に、ここでは専門科目（電気電子部門）の問題範囲や出題傾向について分析を行います。

（1）専門科目（電気電子部門）の出題範囲

　技術士第一次試験電気電子部門の専門科目試験問題の範囲は、「発送配変電、電気応用、電子応用、情報通信、電気設備」とされていますが、この説明では実際の出題ポイントがわからないと思います。一方、技術士第二次試験では、その試験範囲が、電力・エネルギーシステム、電気応用、電子応用、情報通信、電気設備の選択科目別に詳細に示されています。なお、令和元年度試験からは、第二次試験では「発送配変電」の選択科目名が「電力・エネルギーシステム」と変更されていますが、第一次試験の試験問題範囲では、「発送配変電」が継続して示されています。第一次試験でも第二次試験の「選択科目の内容」を参照することは、出題のポイントをつかむために有効ですので、技術士第二次試験の「受験申込み案内」に示された「選択科目の内容」を次ページの図表1.4に示します。図表1.4を見るとわかるとおり、選択科目の内容は広範囲にわたっており、すべての内容に自信があるという受験者はいないと思いますので、技術士第一次試験の専門科目で合格点をとるためには、過去に出題された内容を確認して、めりはりをつけた勉強を行うことが大切です。

図表1.4　技術士第二次試験電気電子部門の選択科目の内容

選択科目	選択科目の内容
電力・エネルギーシステム	発電設備、送電設備、配電設備、変電設備その他の発送配変電に関する事項 電気エネルギーの発生、輸送、消費に係るシステム計画、設備計画、施工計画、施工設備及び運営関連の設備・技術に関する事項
電気応用	電気機器、アクチュエーター、パワーエレクトロニクス、電動力応用、電気鉄道、光源・照明及び静電気応用に関する事項 電気材料及び電気応用に係る材料に関する事項
電子応用	高周波、超音波、光、電子ビームの応用機器、電子回路素子、電子デバイス及びその応用機器、コンピュータその他の電子応用に係るシステムに関する事項 計測・制御全般、遠隔制御、無線航法等のシステム及び電磁環境に関する事項 半導体材料その他の電子応用及び通信線材料に関する事項
情報通信	有線、無線、光等を用いた情報通信（放送を含む。）の伝送基盤及び方式構成に関する事項 情報通信ネットワークの構成と制御（仮想化を含む。）、情報通信応用とセキュリティに関する事項 情報通信ネットワーク全般の計画、設計、構築、運用及び管理に関する事項
電気設備	建築電気設備、施設電気設備、工場電気設備その他の電気設備に係るシステム計画、設備計画、施工計画、施工設備及び運営に関する事項

(2) 専門科目（電気電子部門）の出題傾向

　試験問題の内容としては、平成14年度試験までは、発送配変電、電気応用、電子応用、情報通信、電気設備からほぼ均等に出題されていました。しかし、平成15年度試験以降は出題範囲が偏っています。5つの選択科目別に出題された問題を整理すると、過去には次ページの図表1.5に示すような傾向で、問題が出題されています。

　図表1.5を見るとわかるとおり、「発送配変電」と「電気設備」の問題は2項目の合計でも最近では4問以下と毎年少ない状況が続いています。そのぶんが「電気応用」として出題されているという感じです。「電子応用」と「情報通信」は5項目で割った程度の出題数になっています。その理由は、技術士第一次試

図表1.5　技術士第一次試験（電気電子部門）の出題分野

	発送配変電	電気応用	電子応用	情報通信	電気設備	計
平成23年度	2	15	8	7	3	35
平成24年度	3	16	7	7	2	35
平成25年度	2	17	8	7	1	35
平成26年度	2	18	8	6	1	35
平成27年度	2	18	8	6	1	35
平成28年度	1	18	8	6	2	35
平成29年度	2	18	8	6	1	35
平成30年度	2	17	7	8	1	35
令和元年度	2	17	8	6	2	35
令和元年度再試験	2	18	7	7	1	35
令和2年度	1	15	10	7	2	35
令和3年度	3	17	7	7	1	35
令和4年度	4	15	8	8	0	35

験を受験しないで修習技術者になれる方法としてJABEEの認定コースを卒業した人がいますが、彼らの知識レベルは当然大学での専門教育課程範囲になります。そのJABEEの認定による修習技術者と第一次試験の合格者のレベルは本来同じであるべきです。そのため、第一次試験の内容も4年制大学の専門教育課程の修了レベルとされました。そういった方針から、第一次試験で出題される内容も、大学の授業で勉強する内容に絞られています。そのため、大学生や大学を卒業したばかりの人たちにとっては、大学の試験勉強の延長で受験できるようになっているといえます。それとは逆に、社会人経験が長い人にとっては、あらためて大学教育レベルの内容を勉強しないと解けない問題が増えているという現実を示しています。実際の第一次試験の結果を見ても、20歳代の合格率が最も高く、年代が上がるとともに合格率は下がる傾向にあります。そういった点から、技術士第一次試験については、若いうちの受験をお勧めします。なお、出題される問題の半分程度が過去に出題された問題と同一または類似の問題となっていますので、本著を活用して勉強してもらえば、効果的な受験勉強ができると考えます。

第2章

発送配変電

　発送配変電においては、これまでは大きく分けて、発電、送配変電の2項目から出題されています。

　そのうちの発電に関しては、発電一般、水力発電、火力発電、原子力発電の4つの項目について、広範囲に出題されています。1つの問題で1つの種類の発電設備の内容を問う問題が主体ですが、選択肢別に違った発電技術に関する内容を示して1つの問題としているものもあります。そういった点から、発電技術全般の知識が必要となります。

　送配変電に関しては、パーセントインピーダンスを中心にして、基礎的な知識問題や計算問題がこれまでに出題されています。

1．発電一般

○　再生可能エネルギー等の新しい発電に使用される装置に関する次の記述のうち、不適切なものはどれか。　　　　　　　　　　　　　　(R3 − 15)

①　燃料電池は、負極に酸素、正極に燃料を供給すると通常の燃焼と同じ反応で発電する。小型でも発電効率が高く、大容量化によるコスト低減のメリットが少ない。

②　二次電池は、発電に使用するためには自己放電が少ないこと、充放電を繰り返したときの電圧や容量の低下が小さいことが要求される。

③　太陽電池の出力電圧は負荷電流によって変化するため、最大電力を得るために直流側の電圧を制御している。

④　風力発電には、誘導発電機と同期発電機が用いられる。前者は交流で系統に直接に連系する。後者は系統に連系して安定な運転を行うためには周波数変換器を介して連系する。

⑤　地熱発電には、地下で発生する高温の天然蒸気を直接蒸気タービンへ供給する方式と、蒸気と熱水を汽水分離器により分離して蒸気のみを蒸気タービンへ供給する方式がある。

【解答】　①

【解説】①燃料電池は、正極に酸素、負極に水素などの燃料を供給して、通常の燃焼と同じ反応によって発電するので、不適切な記述である。なお、燃料電池は、燃焼熱を介さずに直接電気を取り出すので、小型でも発電効率が高いという部分は適切な記述である。

②二次電池は、取り出す電気量が多く、自己放電が少ないことが望まれる。また、充放電を繰り返したときの電圧や容量の低下（メモ

リー効果等）が小さいことが望まれるので、適切な記述である。

③太陽電池の出力電圧は、負荷電流と負荷抵抗の積であるので、最大電力を得るために負荷抵抗の変化に合わせて、直流側の電圧を制御する最大電力点追従制御を行っている。よって、適切な記述である。

④風力発電には、誘導発電機と同期発電機が用いられる。誘導発電機の場合は、系統と連系しないと発電できないが、交流で直接連系（ACリンク）できる。一方、同期発電機の場合は、系統と連系しなくとも単独で発電できるが、系統と連系するためには周波数変換器を介して連系（DCリンク）する必要がある。よって、適切な記述である。

⑤地熱発電で、蒸気卓越形の場合には、噴出した蒸気を直接タービンに送るドライスチーム方式が用いられる。また、熱水卓越形で蒸気が熱水湿りの場合には、汽水分離器で熱水と蒸気を分離して、蒸気のみを蒸気タービンに送る熱水分離方式が用いられる。よって、適切な記述である。

なお、平成16年度試験において類似、平成27年度試験において同一の問題が出題されている。

○　通常のプロペラ形風車を用いた風力発電機に関する次の記述のうち、最も適切なものはどれか。　　　　　　　　　　　　　　（H28－13）

① 風車の受けるエネルギーは、受風断面積の2乗に比例し、風速の3乗に比例する。

② 風車の受けるエネルギーは、受風断面積に比例し、風速の3乗に比例する。

③ 風車の受けるエネルギーは、受風断面積の2乗に比例し、風速の2乗に比例する。

④ 風車の受けるエネルギーは、受風断面積に比例し、風速の2乗に比例する。

⑤ 風車の受けるエネルギーは、受風断面積に比例し、風速に比例する。

【解答】　②

【解説】　風車の受けるエネルギー（P）は次の式で表される。

$$P = \frac{1}{2} C_p \rho A v^3 = \frac{1}{8} C_p \rho \pi D^2 v^3$$

　　　　C_p：風車の出力係数、A：受風断面積 $[\mathrm{m}^2]$、D：風車の直径 $[\mathrm{m}]$、
　　　　ρ：空気密度 $[\mathrm{kg/m}^3]$、v：風速 $[\mathrm{m/s}]$

　以上の式から、風車の受けるエネルギー（P）は、受風断面積（A）に比例し、風速（v）の3乗に比例するのがわかる。

　したがって、②が正答である。

　なお、平成22年度試験において同一、平成17年度試験において類似の問題が出題されている。

2. 水 力 発 電

○　水力発電は、発電の際に地球温暖化の原因となる二酸化炭素を排出しないことや、安定した電力が供給できる長所を持つ。今、水力発電において有効落差75 mで、流量が毎分600 tの水車を用いて発電を行った結果、6 MWの電力が得られた。発電機の効率が0.95の場合、水車の効率として、最も近い値はどれか。ただし、水の密度は1000 kg/m^3、重力加速度9.8 m/s^{2}とする。　　　　　　　　　　　　　　　　(R4－14)

①　82%　　②　86%　　③　90%　　④　94%　　⑤　98%

【解答】　②

【解説】　発電電力P[kW] は、有効落差H[m]、流量Q[m^3/秒]、水車の効率η_w、発電機の効率η_gを使って、次の式で求められる。

$$P = 9.8\eta_w\eta_g QH \,[\text{kW}]$$

この問題では、水の流量が600 [t/分] であるので、600 [m^3/分] となる。それを秒当たりに直すと、$Q = 600/60 = 10$ [m^3/秒] となる。また、有効落差は$H = 75$ [m]、発電機の効率$\eta_g = 0.95$であるので、発電量Pは、次の式で求められる。

$$P = 9.8\eta_w\eta_g QH = 9.8 \times 0.95 \times 10 \times 75\eta_w \fallingdotseq 6{,}983\eta_w \,[\text{kW}]$$
$$= 6.983\eta_w \,[\text{MW}]$$

実際に得られた電力は6 MWであるので、水車の効率は次のようになる。

$$水車の効率 \eta_w = \frac{6}{6.983} \fallingdotseq 0.86 \quad \rightarrow 86\%$$

したがって、②が正答である。

○　0.01 kgのウラン235が核分裂するときに0.09％の質量欠損が生じてエネルギーが発生する。ある原子力発電所では、このエネルギーの30％を電力として取り出せるものとする。この電力を用いて全揚程（有効揚程）が300 m、揚水時のポンプ水車と電動機の総合効率が84％の揚水発電所で揚水ができる水量［m³］として、最も近い値はどれか。ただし、ウランの原子番号は92、真空中の光の速度は3.0×10^8 m/s、水の密度は10^3 kg/m³、重力加速度は9.8 m/s²とする。　　　　　　　　（R3－14）

① 　6.9×10^4 m³

② 　8.3×10^4 m³

③ 　9.8×10^4 m³

④ 　2.3×10^5 m³

⑤ 　7.7×10^5 m³

【解答】　①

【解説】核分裂により発生するエネルギー（E）は、質量欠損（m）と光速（c）を使って次の式で求められる。

$$E = mc^2$$

$$m = 0.01 \times \frac{0.09}{100} = 9 \times 10^{-6} \ \text{［kg］　であるので、}$$

$$E = 9 \times 10^{-6} \times (3.0 \times 10^8)^2 = 8.1 \times 10^{11} \ \text{［J］}$$

このうち30％を電力として取り出せるので、2.43×10^{11}［J］を揚水に利用できる。揚水量をQ m³とすると、次の式が成り立つ。

$$9.8Q \times 10^3 \times 300 = 2.43 \times 10^{11} \times 0.84$$

$$Q = \frac{2.43 \times 0.84 \times 10^6}{9.8 \times 3} \fallingdotseq 0.069 \times 10^6 = 6.9 \times 10^4 \ \text{［m³］}$$

したがって、①が正答である。

○　水力発電所の水管内を水が充満して流れている。水車の中心線上と同
じ高さに位置する場所の水圧が1.0 MPaで流速が6.0 m/sと計測されて
いる。この位置の水頭として、最も近い値はどれか。ただし、位置水頭
を決める基準面は水車の中心線上とし、損失水頭は無いものとする。
また、水の密度は1.0×10^3 kg/m^{3}とし、重力加速度は9.8 m/s^{2}である。

（R1再－14）

①　92 m　　②　96 m　　③　100 m　　④　104 m　　⑤　108 m

【解答】　④

【解説】水管内水頭には、位置水頭、圧力水頭、速度水頭があるが、この問題
では、位置水頭の基準面が水車の中心線上であるので、位置水頭＝0と
考えてよい。

$$圧力水頭 = \frac{水圧}{水の密度 \times 重力加速度} = \frac{1.0 \times 10^6}{1.0 \times 10^3 \times 9.8} \fallingdotseq 102 \ [m]$$

$$速度水頭 = \frac{(流速)^2}{2 \times 重力加速度} = \frac{6^2}{2 \times 9.8} \fallingdotseq 1.8 \ [m]$$

水頭 ＝ 102 ＋ 1.8 ＝ 103.8 ［m］

したがって、④が正答である。

3. 火 力 発 電

○　汽力発電に関する次の記述の、　□　に入る記号と数値の組合せと
して、最も適切なものはどれか。　　　　　　　　　　　（R2－14）
　　下図は汽力発電のT－s線図と熱サイクルを示したものである。図A
のT－s線図において断熱膨張を表す部分は　ア　である。また、図
Bにおける各部の汽水の比エンタルピー〔kJ/kg〕が、下表の値である
とき、この熱サイクルの効率の値は、　イ　〔%〕である。ただし、
ボイラ、タービン、復水器以外での比エンタルピーの増減は無視するも
のとする。

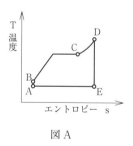

図A

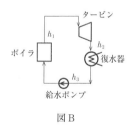

図B

	ア	イ
①	B→D	43.6
②	D→E	43.6
③	B→D	53.8
④	D→E	53.8
⑤	A→B	58.3

表

比エンタルピー〔kJ/kg〕		
ボイラー出口蒸気	h_1	3349
タービン排気	h_2	1953
給水ポンプ入口給水	h_3	150

【解答】 ②

【解説】断熱した状態で膨張させるので、気体の温度は急激に低下する。それ
を表しているのは、「D→E」（アの答え）である。また、熱サイクル効
率は、ボイラで発生させた熱量のうち、タービンで働かせることができ
た熱量の比率である。

ボイラで発生させた熱量：$h_1 - h_3 = 3349 - 150 = 3199$〔kJ／kg〕

タービンで働かせることができた熱量：$h_1 - h_2$

$= 3349 - 1953 = 1396$〔kJ／kg〕

熱サイクル効率 $= \dfrac{1396}{3199} \fallingdotseq 0.436 \rightarrow 43.6$〔％〕 ……（イの答え）

したがって、②が正答である。

○　火力発電所における熱効率やその向上方策に関する次の記述のうち、
最も不適切なものはどれか。　　　　　　　　　　　　　　（R1再－15）

①　ランキンサイクルの熱効率を向上させるのに効果的な方式の1つに
再熱があり、このためにタービン高圧部から出てきた蒸気を再び過熱
してタービン低圧部に送る装置を過熱器と呼んでいる。

②　理想的熱機関を表現するカルノーサイクルの熱効率は高熱源の絶対
温度が高いほど高くなる。

③　ボイラ、蒸気タービン、復水器等によってランキンサイクルを構成
している火力発電所の熱効率は、蒸気圧力が高いほど向上する。

④　火力発電所では、煙突から排出されるガスの保有熱をできるだけ利
用して、燃料の消費率を低くすることが望ましく、節炭器や空気予熱
器を設ける場合がある。

⑤　火力発電所の熱効率向上のため、蒸気タービンとガスタービンを組
合せた複合サイクル発電が用いられる場合がある。

【解答】　①

【解説】①蒸気を再加熱してタービン低圧部に送る装置は再熱器と呼ぶので、
過熱器という記述は誤りである。よって、不適切な記述である。

②熱効率（η）は、高熱源（T_1）と低熱源（T_2）とすると、$\eta = 1 -$

T_2 / T_1 となるので、高熱源の温度が高いほど熱効率は高くなる。よって、適切な記述である。

③ランキンサイクルでは圧力が上がると飽和温度が上昇するので、蒸気圧力が高いほど熱効率は向上する。よって、適切な記述である。

④火力発電所では煙道に設けられた節炭器で給水を飽和温度まで温めたり、空気予熱器でバーナに供給する空気を暖めたりすることによって、燃料の消費を低くしている。よって、適切な記述である。

⑤火力発電所の熱効率向上のために、ガスタービンの排熱を使って蒸気タービンで発電する複合（コンバインド）サイクルが用いられているので、適切な記述である。

なお、平成23年度試験において、同一の問題が出題されている。

○　ガスタービン発電と蒸気タービン発電を組合せた排熱回収方式コンバインドサイクル発電がある。ガスタービンの熱効率は30%であり、ガスタービンを駆動した後、その排熱で排熱回収ボイラを駆動する蒸気タービンの熱効率は40%である。このとき、総合熱効率に最も近い値はどれか。ただし、ガスタービン出口のすべての排熱は排熱回収ボイラで回収されるものとする。
(H30 － 14)

①　58%　　②　61%　　③　64%　　④　67%　　⑤　70%

【解答】　①

【解説】　ガスタービンの熱効率は30%であるので、蒸気タービンに送られるエネルギーは残りの70%である。蒸気タービンの熱効率は40%であるので、総合熱効率は次の式で求められる。

$$総合熱効率 = 0.30 + (1 - 0.3) \times 0.4 = 0.3 + 0.7 \times 0.4 = 0.3 + 0.28$$
$$= 0.58 \quad \rightarrow 58\%$$

したがって、58%となるので、①が正答である。

4. 原子力発電

○ 原子力エネルギーに関する次の記述のうち、最も不適切なものはどれか。 (R1−15)

① 核反応には核分裂と核融合の2つのタイプがある。どちらもその反応の前後の結合エネルギーの差が外部に放出されるエネルギーとなる。

② 加圧水型軽水炉では、構造上、一次冷却材を沸騰させない。また、原子炉が反応速度を調整するために、ホウ酸を冷却材に溶かして利用する。

③ 加圧水型軽水炉では、熱ループを一次冷却水系と二次冷却水系に分けているので、タービンに放射能を帯びた蒸気が流れない。

④ 沸騰水型軽水炉では、原子炉内部で発生した蒸気と蒸気発生器で発生した蒸気を混合して、タービンに送る。

⑤ 沸騰水型軽水炉では、冷却材の蒸気がタービンに入るので、タービンの放射線防護が必要である。

【解答】 ④

【解説】①原子核と原子核の衝突や原子核と他の粒子の衝突の結果、元の原子核と異なる核が生成する現象を核反応というが、核反応には、核分裂と核融合があり、どちらも、反応の際に反応前後のエネルギー差が外部に放出されるので、適切な記述である。

②加圧水型軽水炉は、一次冷却系と二次冷却系が蒸気発生器を介して分離されており、一次冷却材を沸騰させないために、一次冷却設備が設けられている。また、反応速度制御のために一次冷却材にホウ酸を溶かしている。よって、適切な記述である。

23

③加圧水型軽水炉は、一次冷却系と二次冷却系が蒸気発生器を介して分離されており、タービンに入る二次冷却材は放射能を帯びていないので、適切な記述である。

④沸騰水型軽水炉は、原子炉の熱を運ぶ冷却材の蒸気が、直接、蒸気プラントの作動流体となる直接サイクルを採用しているので、蒸気発生器は設置されていない。よって、不適切な記述である。

⑤沸騰水型軽水炉では、放射能を帯びた一次冷却材の蒸気がタービンに入るので、タービンの放射線防護は必要である。よって、適切な記述である。

○　原子力発電に関する次の記述の、□□□に入る語句の組合せとして、最も適切なものはどれか。　　　　　　　　　　　　　　　　　(H29 - 13)

　軽水炉型原子力発電所では、軽水は、核　ア　を　イ　するための中性子の減速材としての役割を果たし、連鎖反応を維持することで運転している。沸騰水型や　ウ　水型と呼ばれるものは、軽水炉の一種である。

	ア	イ	ウ
①	融合	促進	加圧
②	融合	抑制	減圧
③	分裂	促進	加圧
④	分裂	促進	減圧
⑤	分裂	抑制	加圧

【解答】　③

【解説】軽水炉型原子力発電所は軽水（普通の水を重水と区別するために軽水と呼ぶ）を減速材や冷却材に用いる原子炉である。減速材は、核分裂で生じた高速中性子を熱エネルギーの程度に減速して、燃料に吸収されやすくすることによって、核分裂を促進するために用いられる。よって、アは「分裂」で、イは「促進」になる。

　軽水炉型原子力発電所には、原子炉内の圧力容器内で直接蒸気を作る

沸騰水型と、一次冷却系と二次冷却系が蒸気発生器を介して分離されている加圧水型がある。よって、ウは「加圧」となる。

　したがって、分裂－促進－加圧となるので、③が正答である。

　なお、平成19年度試験において、同一の問題が出題されている。

5. 送配変電

○　ある負荷送電線の電圧が64［kV］、有効電力、遅れ無効電力がそれぞれ$1.0 \times \sqrt{3}$［MW］、1.0［MVar］であった。66［kV］、10［MVA］を基準にこの送電線の複素電力$P + jQ$、電流$\dot{I}$を単位法表記した式の組合せとして、最も適切なものはどれか。ただし、jは虚数単位であり、無効電力は遅れを正とする。

(R4－15)

	$P + jQ$［PU］	$\dot{I}$［PU］
①	$0.17 + j0.10$	$0.206 \angle 30°$
②	$0.17 + j0.10$	$0.206 \angle -30°$
③	$0.17 + j0.10$	$0.178 \angle -30°$
④	$0.17 - j0.10$	$0.178 \angle 30°$
⑤	$0.17 - j0.10$	$0.206 \angle 30°$

【解答】　②

【解説】無効電力は遅れが正で、基準は10［MVA］であるので、複素電力は次のようになる。

$$P + jQ = \frac{1.0 \times \sqrt{3}}{10} + \frac{j1.0}{10} \doteqdot 0.17 + j0.10 \quad \cdots\cdots P + jQ \,［PU］の答え$$

これを図示すると、下図のようになる。

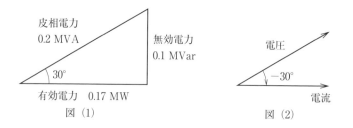

皮相電力　0.2 MVA　　無効電力 0.1 MVar　　30°　　有効電力　0.17 MW
図 (1)

電圧　　電流　　−30°
図 (2)

この図から単位法による電流は0.2となるが、これは66〔kV〕の基準電圧の場合であるので、64〔kV〕にすると、$0.2 \times \dfrac{66}{64} \fallingdotseq 0.206$ となる。また、無効電力は遅れているので、電流は電圧に対して遅れている。

$0.206 \angle -30°$ ……$\dot{I}$〔PU〕の答え

したがって、②が正答である。

○　電力系統に直列コンデンサを設置することに関する次の記述の、[　　　]に入る語句の組合せとして、最も適切なものはどれか。

(R4-34)

送電線路に直列コンデンサを設置することは、線路の[　ア　]を減少させることにより、等価的に線路の長さを短縮することになる。このため、長距離送電線に適用するとより効果的である。また、直列コンデンサを設置することにより、[　イ　]の低減及び安定度の向上に役立つ。しかし、同期機における[　ウ　]や負制動現象の原因になることがある。

	ア	イ	ウ
①	誘導リアクタンス	高調波の発生	共振
②	誘導リアクタンス	電圧変動率	軸ねじれ現象
③	並列キャパシタンス	電圧変動率	共振
④	並列キャパシタンス	高調波の発生	共振
⑤	並列キャパシタンス	電圧低下	軸ねじれ現象

【解答】　②

【解説】直列コンデンサは、線路の誘導性リアクタンスをコンデンサの容量性リアクタンスで補償するので、アは「誘導リアクタンス」である。これによって、送電電力を増加するとともに、受電側での「電圧変動率」（イの答え）を低減することができる。ただし、直列コンデンサ補償率の度合いにより、同期機の乱調による安定問題や軸ねじれ現象（振動）の問題が生じる場合があるので、ウは「軸ねじれ現象」である。

したがって、②が正答である。

○　中性点接地方式に関する次の記述の、□□□に入る語句の組合せとして、最も適切なものはどれか。　　　　　　　　　　　　（R4－35）

中性点抵抗接地方式は、我が国の154 kV以下の電力系統に広く採用されている方式で、中性点を抵抗器を通して接地し地絡事故時の□ア□を抑制するので、地絡継電器の事故検出機能は□イ□方式より低下する。抵抗接地系では地絡電流は大きくないが、地絡瞬時には送電線の対地静電容量の影響を受けて大きな過渡突入電流が流れるので、特に□ウ□系統では地絡継電器に時間遅れを持たせるなどの配慮が必要である。

	ア	イ	ウ
①	地絡電流	非接地	ループ
②	零相電圧	直接接地	ケーブル
③	地絡電流	直接接地	ケーブル
④	地絡電流	リアクトル接地	ケーブル
⑤	零相電圧	非接地	ループ

【解答】　③

【解説】抵抗接地方式は、線路に地絡故障が発生した際に、大地から還流してくる電流を少なくできるので、アは「地絡電流」である。一方、直接接地方式では、地絡電流値が大きくなる。そのため、地絡継電器の事故検出機能は、抵抗接地方式のほうが直接接地よりも低下する。よって、イは「直接接地」である。また、抵抗接地方式の系統にケーブル系統が接続される場合、故障電流がケーブルの対地充電電流で進相となり、地絡瞬時に対地静電容量の影響を受けて大きな過渡突入電流が流れるので、地絡継電器に時間遅れを持たせるなどの配慮が必要である。よって、ウは「ケーブル」である。

したがって、地絡電流－直接接地－ケーブルとなるので、③が正答である。

○　電力システムの電気特性を解析するために用いられるパーセントインピーダンスに関する次の記述の、□□□に入る語句の組合せとして、最も適切なものはどれか。　　　　　　　　　　　　　　　(H30－13)

電力系統を構成する設備のインピーダンスからパーセントインピーダンスの値を求める式は、　ア　に比例し、　イ　に反比例する形になる。パーセントインピーダンスは、変圧器の2次側につながる線路の短絡事故が起きたときの短絡電流を求める場合に用いられることがある。

	ア	イ
①	基準電圧	基準容量の2乗
②	基準容量	基準電圧の2乗
③	基準電圧	基準容量
④	基準容量	基準電圧
⑤	基準電圧の2乗	基準容量

【解答】　②

【解説】パーセントインピーダンスは、インピーダンスの基準インピーダンスに対する比を百分率で表した値で、オームインピーダンスからパーセントインピーダンスを計算する計算式は次のとおりである。

$$パーセントインピーダンス＝\frac{オームインピーダンス[\Omega]×基準三相容量[kVA]}{(基準線間電圧\ [kV])^2×10}$$

問題文のアは比例するものであるので、「基準容量」となる。また、イは反比例するものであるので、「基準電圧の2乗」となるのがわかる。したがって、②が正答である。

なお、平成10年度および平成19年度試験において、類似の問題が出題されている。

○　下図に示す受電点の短絡容量に最も近い値はどれか。ここで、短絡容量とはその点での三相短絡電流によって電力系統全体が消費する電力をいう。変電所のパーセントインピーダンス%Z_s、配電線のパーセントイ

ンピーダンス%Z_tの基準容量（単位容量）を10 MVAとする。ただし、jは虚数単位である。(H26 − 13)

① 110 MVA ② 130 MVA ③ 150 MVA

④ 170 MVA ⑤ 190 MVA

配電線
%$Z_t = 3.0 + j4.0\%$

変電所
%$Z_s = j2.0\%$

受電点

【解答】 ③

【解説】この合成パーセントインピーダンス（%Z）は、次の式で求められる。

%$Z = \%Z_s + \%Z_t = j2.0 + 3.0 + j4.0 = 3.0 + j6.0$

よって、|%Z| は次のようになる。

$|\%Z| = \sqrt{3.0^2 + 6.0^2} = \sqrt{9 + 36} = \sqrt{45}$ ［％］ $= \sqrt{45} \times 10^{-2}$

この合成パーセントインピーダンスと基準容量から短絡容量を求める。

$$短絡容量 = \frac{10}{\sqrt{45} \times 10^{-2}} = \frac{1000}{\sqrt{45}} ≒ 149.1 \Rightarrow 150 ［MVA］$$

したがって、150 MVAが最も近い値となるので、③が正答である。

なお、平成14年度、平成20年度、平成21年度および平成25年度試験において、類似の問題が出題されている。

○ 直流送電の利点や課題に関する次の記述のうち、最も不適切なものはどれか。(R1 − 14)

① 直流の絶縁は交流に比べて $\frac{1}{\sqrt{2}}$ に低くできるので、鉄塔が小型になり送電線路の建設費が安くなる。

② 交流系統の中で使用することはできるが、周波数の異なる交流系統間の連系はできない。

③ 直流は交流のように零点を通過しないため、大容量高電圧の直流遮断器の開発が困難で、変換装置の制御で通過電流を制御してその役割

を兼ねる必要がある。

④ 直流による系統連系は短絡容量が増大しないので、交流系統の短絡容量低減対策の必要がなくなる。

⑤ 直流には交流のリアクタンスに相当する定数がないので、交流の安定度による制約がなく、電線の熱的許容電流の限度まで送電できる。

【解答】 ②

【解説】①交流のピーク値は実効値の$\sqrt{2}$倍であるので、直流の$\sqrt{2}$倍である。絶縁距離はピーク電圧に比例するので、直流の場合には、鉄塔が小型になり送電線路の建設費が安くなる。よって、適切な記述である。

②周波数の異なる交流系統を連系する場合には、一度直流に変換して、再び他の周波数の交流に変換するので、周波数の異なる交流系統間の連系はできる。実際に、日本の場合には、東日本で50 Hz、西日本で60 Hzの交流が使われているが、それらを連系する周波数変換所で直流送電が採用されている。よって、不適切な記述である。

③直流は電圧が一定しており、交流のように零点を通過しないため、交流遮断器のような遮断器の開発は難しい。そのため、変換装置によって通過電流を制御する方法で遮断器の役割を兼ねる必要があるので、適切な記述である。

④直流による系統連系では、交流系統が直接連系しないので、系統容量は増加しない。そのため、短絡容量が増大しないので、交流系統での短絡容量低減策は必要がなくなる。よって、適切な記述である。

⑤直流には交流のリアクタンスに相当する定数がないので、交流のように安定度による制約がなく、電線の熱的許容電流の限度まで送電できる。このため、大電力の長距離送電ができる。よって、適切な記述である。

なお、平成14年度および平成29年度試験において、同一の問題が出題されている。

第3章

電 気 応 用

　電気応用においては、大きく分けると、電気回路、電磁気、電界・コンデンサ、回転機、変圧器、パワーエレクトロニクスの6項目から出題されています。これまでに出題された問題総数は、他の出題範囲の項目と比べて格段に多くなっています。

　その中でも電気回路に関しては最近では毎年多くの問題が出題されており、この項目だけを勉強しても、第一次試験の専門科目の合格ラインに大きく近づくことができるというくらい、中心的な出題項目になってきています。そのため、最も力を入れて勉強すべき項目といえます。ここでは、電気回路の問題を、直流回路、交流回路、端子回路、過渡現象の4項目に分けて整理してみましたので、それぞれの特徴をつかんでください。

　電磁気に関しては、最近は毎年複数の問題が出題されるようになってきています。内容的にはどれも基礎的なレベルになっていますので、勉強する価値が高い項目といえます。

　電界・コンデンサに関しては、平成22年度試験以降毎年出題されており、最近では出題問題数も増えています。

　回転機に関しては、電気応用の中核事項でもありますので、安定して出題されています。

　変圧器に関する問題は、連続して出題されたかと思うと数年出題が止まるというような周期を繰返していますが、電気応用では重要な項目の1つですので、今後も出題の可能性は高いといえます。

　パワーエレクトロニクスに関しては、現在実務での応用範囲が広がっていることもあり、毎年1問程度の問題が出題されています。

1. 直 流 回 路

○　下図の回路において、端子abからみた合成抵抗として、適切なものはどれか。 (R3－8)

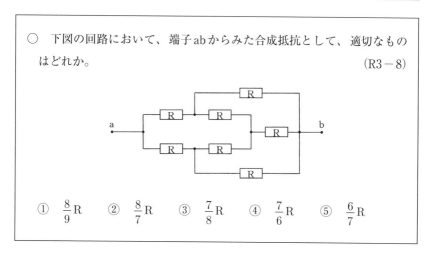

① $\dfrac{8}{9}$R　② $\dfrac{8}{7}$R　③ $\dfrac{7}{8}$R　④ $\dfrac{7}{6}$R　⑤ $\dfrac{6}{7}$R

【解答】　③

【解説】この回路はabを結ぶ線の上下で線対称となっているので、各抵抗Rに流れる電流は下図のようにおける。

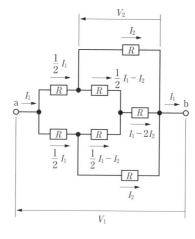

また、図中に示した電圧 V_2 は、次の式で表される。

$$V_2 = RI_2 = \frac{1}{2}RI_1 - RI_2 + RI_1 - 2RI_2$$

$$4RI_2 = \frac{3}{2}RI_1$$

$$I_2 = \frac{3}{8}I_1$$

ab 間の電圧 V_1 は次の式で求められる。

$$V_1 = \frac{1}{2}RI_1 + RI_2 = \frac{1}{2}RI_1 + \frac{3}{8}RI_1 = \frac{7}{8}RI_1$$

したがって、③が正答である。

なお、平成19年度、平成24年度および令和元年度再試験において、同一の問題が出題されている。

○ 下図の回路において、端子a、bからみた合成抵抗として、最も適切なものはどれか。 (R1-6)

① $R／2$

② R

③ $2R$

④ $3R$

⑤ $6R$

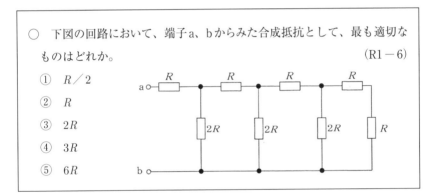

【解答】　③

【解説】一番右は、R の抵抗が2つ直列になっているので、$2R$ となる。それと $2R$ の抵抗が並列に接続されているので、合成抵抗は R となる（下図参照）。

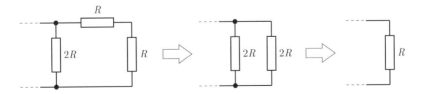

　　一番右の部分が R となったので、次のブロックも合成抵抗は同様に R となり、一番左のブロックも R となる。最終的には R と R の直列回路と

なるので、端子a、bからみた合成抵抗は$2R$となる。

したがって、③が正答である。

なお、平成21年度、平成28年度および令和元年度再試験において、類似の問題が出題されている。

○ 値がRである抵抗により構成された下図の回路について考える。次の記述の、□□□に入る語句の組合せとして、最も適切なものはどれか。ただし、抵抗値Rは正とする。 (R1再－9)

下図の回路を右端から見た抵抗値をR_{in}とすると、一番右端の横と縦になっている2個の抵抗を除去した後に右端から見た抵抗値は ア であるので、R_{in}について イ という関係式が成り立つ。この式からR_{in}が ウ であることがわかる。

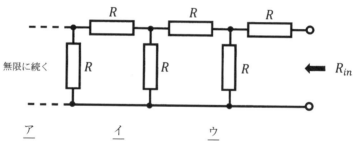

	ア	イ	ウ
①	R_{in}	$R_{in} = R + \dfrac{R_{in}R}{R_{in}+R}$	$\dfrac{1+\sqrt{5}}{2}R$
②	$2R_{in}$	$R_{in} = \dfrac{R_{in}R}{R_{in}+R}$	$\dfrac{1+\sqrt{5}}{2}R$
③	R_{in}	$R_{in} = \dfrac{R_{in}R}{R_{in}+R}$	$\dfrac{1+\sqrt{5}}{2}R$
④	$1.5R_{in}$	$R_{in} = R + \dfrac{R_{in}R}{R_{in}+R}$	$\dfrac{1-\sqrt{5}}{2}R$
⑤	R_{in}	$R_{in} = \dfrac{R_{in}R}{R_{in}+R}$	$\dfrac{1-\sqrt{5}}{2}R$

【解答】 ①

【解説】 無限ラダー回路の場合は、一番右端の横と縦になっている2個の抵抗を除去した後に右端から見た抵抗値は、同じく「R_{in}」(アの答え)になる。

そのため、下記のような回路とみなすことができる。

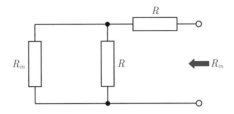

$$R_{in} = R + \cfrac{1}{\cfrac{1}{R} + \cfrac{1}{R_{in}}} = R + \frac{R_{in}R}{R_{in} + R} \quad \cdots\cdots (イの答え)$$

この式からR_{in}を求めると、次のようになる。

$$R_{in}(R_{in} + R) = R(R_{in} + R) + R_{in}R$$

$$R_{in}{}^2 + RR_{in} = RR_{in} + R^2 + RR_{in}$$

$$R_{in}{}^2 - RR_{in} - R^2 = 0$$

$$R_{in} = \frac{R \pm \sqrt{R^2 + 4R^2}}{2} = \frac{1 \pm \sqrt{5}}{2}R$$

$R_{in} > 0$　より

$$R_{in} = \frac{1 + \sqrt{5}}{2}R \quad \cdots\cdots (ウの答え)$$

したがって、①が正答である。

○　理想直流電圧源及び抵抗よりなる下図の回路において、抵抗 R_3 に流れる電流 I [A] の値として、最も近い値はどれか。　　　　　　（R3－7）

ただし、$E = 10$ V、$R_1 = 5$ Ω、$R_2 = R_3 = 10$ Ω とする。

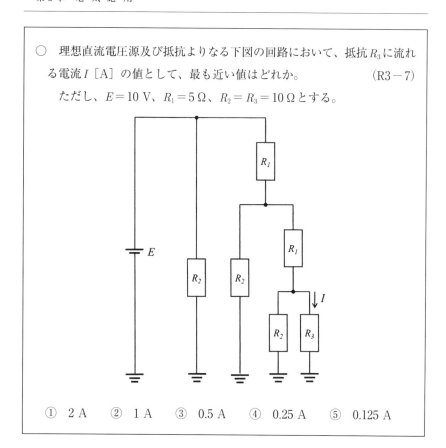

①　2 A　　②　1 A　　③　0.5 A　　④　0.25 A　　⑤　0.125 A

【解答】　④

【解説】問題文の図にただし書部の具体的な抵抗値を入れ、合成抵抗部を A、B、C の区画に区分すると、次の図のようになる。

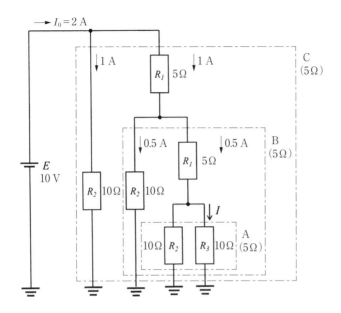

A部は10Ωの抵抗が並列に接続されているので、A＝5Ωであるのがわかる。

AとR₁（5Ω）の直列抵抗は10Ωであるので、それらに平行に接続されているR₂（10Ω）との合成抵抗は、10Ωの抵抗が並列に接続されているので、B＝5Ωであるのがわかる。

BとR₁（5Ω）の直列抵抗は10Ωであるので、それらに平行に接続されているR₂（10Ω）との合成抵抗は、10Ωの抵抗が並列に接続されているので、C＝5Ωであるのがわかる。

よって、全体の電流値I_0は、$I_0 = \dfrac{E}{C} = \dfrac{10}{5} = 2$［A］である。これより、R₁とB部の直列部に流れる電流は1Aとなり、R₁とA部の直列部に流れる電流は0.5Aとなる。

これより、$I = 0.25$ Aとなるので、④が正答である。

○　下図の抵抗 R_1、R_2、R_3 と理想直流電圧源 E_1、E_2 で構成される回路において、抵抗 R_3 を流れる電流 I を表す式として、最も適切なものはどれか。

(R4 - 5)

① $\dfrac{R_1 E_2 + R_2 E_1}{R_1(R_2 + R_3) - R_2 R_3}$

② $\dfrac{R_1 E_2 + R_2 E_1}{R_2(R_1 + R_3) - R_1 R_3}$

③ $\dfrac{R_1 E_2 + R_2 E_1}{R_1(R_2 + R_3) + R_2 R_3}$

④ $\dfrac{R_1 E_2 - R_2 E_1}{R_2(R_1 + R_3) - R_1 R_3}$

⑤ $\dfrac{R_1 E_2 - R_2 E_1}{R_1(R_2 + R_3) + R_2 R_3}$

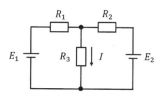

【解答】　③

【解説】電流値を下図のようにおくと、次の式が成り立つ。

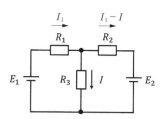

$$E_1 - R_1 I_1 = E_2 + R_2(I_1 - I) = R_3 I$$

$E_1 - R_1 I_1 = R_3 I$ より、

$$R_1 I_1 = E_1 - R_3 I$$

$$I_1 = \frac{E_1 - R_3 I}{R_1}$$

この I_1 を $E_2 + R_2(I_1 - I) = R_3 I$ に代入すると、

$$E_2 - R_2 I + \frac{R_2 E_1 - R_2 R_3 I}{R_1} = R_3 I$$

$$R_1 E_2 - R_1 R_2 I + R_2 E_1 - R_2 R_3 I = R_1 R_3 I$$

$$(R_1 R_3 + R_1 R_2 + R_2 R_3) I = R_1 E_2 + R_2 E_1$$

$$I = \frac{R_1 E_2 + R_2 E_1}{R_1 R_3 + R_1 R_2 + R_2 R_3} = \frac{R_1 E_2 + R_2 E_1}{R_1(R_2 + R_3) + R_2 R_3}$$

したがって、③が正答である。

なお、平成22年度、平成28年度および平成30年度試験において、同一の問題が出題されている。

○　下図は直流電圧源と抵抗からなる回路である。この回路に関する次の記述の、　　　　　に入る数式の組合せとして、最も適切なものはどれか。

(R1－9)

抵抗 R_L で消費される電力は直流電圧源の値 E と抵抗値 R_L と R_S を用いて　ア　と表されるので、R_L の値を変えた場合、R_L の値が　イ　であるとき抵抗 R_L で消費される電力が最大となる。また、このときの抵抗 R_L で消費される電力は　ウ　である。

	ア	イ	ウ
①	$\dfrac{R_L E^2}{(R_S + R_L)^2}$	R_S	$\dfrac{E^2}{2R_L}$
②	$\dfrac{E^2}{R_S + R_L}$	R_S	$\dfrac{E^2}{2R_L}$
③	$\dfrac{E^2}{R_S + R_L}$	$\dfrac{R_S}{2}$	$\dfrac{E^2}{2R_L}$
④	$\dfrac{R_L E^2}{(R_S + R_L)^2}$	R_S	$\dfrac{E^2}{4R_L}$
⑤	$\dfrac{R_L E^2}{(R_S + R_L)^2}$	$\dfrac{R_S}{2}$	$\dfrac{E^2}{4R_L}$

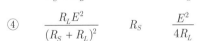

【解答】　④

【解説】この回路に流れる電流 I は次の式のようになる。

$$I = \frac{E}{R_S + R_L}$$

抵抗 R_L で消費される電力 W は次の式のようになる。

$$W = R_L I^2 = \frac{R_L E^2}{(R_S + R_L)^2} \quad \cdots\cdots（アの答え）$$

　抵抗 R_L で消費される電力が最大となるのは、R_L と R_S で消費される電力が等しくなるときであるので、「$R_L = R_S$」（イの答え）のときである。

$$W = \frac{R_L E^2}{(R_S + R_L)^2} = \frac{R_L E^2}{(2R_L)^2} = \frac{R_L E^2}{4R_L{}^2} = \frac{E^2}{4R_L} \quad \cdots\cdots（ウの答え）$$

　したがって、④が正答である。

　なお、最大となるのが $R_L = R_S$ のときという理由は、$W = y$、$R_L = x$、$R_S = a$、$E^2 = b$ とおいた下記の解法で説明できる。

$$y = \frac{bx}{(x+a)^2} \quad の最大値を求める。$$

$$y' = \frac{b}{(x+a)^2} - \frac{2bx}{(x+a)^3} = 0$$
$$b(x+a) - 2bx = 0$$
$$-x + a = 0$$
$$x = a \quad \rightarrow \quad R_L = R_S$$

○　下図の回路において、10 V の電圧源に流れる電流が2 A のとき、抵抗 R の値として、最も適切なものはどれか。　　　　　　　　　　(R2－6)

① 　1 Ω

② 　1.5 Ω

③ 　2 Ω

④ 　2.5 Ω

⑤ 　3 Ω

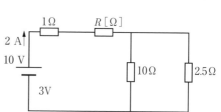

【解答】　③

【解説】10 Ω の抵抗に上から下に流れる電流を I とすると、次の2式が成り立つ。

$$2 \times 1 + 2R + 10I = 10 \quad \cdots\cdots (1)$$
$$2 \times 1 + 2R + 2.5(2 - I) = 10 \quad \cdots\cdots (2)$$
$$2R + 10I = 8 \quad \cdots\cdots (1)'$$
$$2R - 2.5I = 3 \quad \cdots\cdots (2)'$$

$$2R + 10I = 8 \quad \cdots\cdots (1)'$$
$$+)\ \ 8R - 10I = 12 \quad \cdots\cdots 4\times(2)'$$
$$10R = 20$$
$$R = 2 \ [\Omega]$$

したがって、③が正答である。

なお、平成19年度試験において、類似の問題が出題されている。

○ 下図に示す電圧源と電流源と抵抗からなる回路において、負荷抵抗 r で消費される電力が最大となるように r の値を定める。このとき、r を流れる電流として、最も近い値はどれか。　　　　　　(R1再－8)

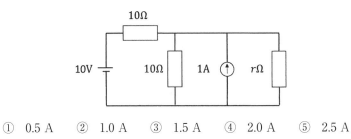

① 0.5 A 　② 1.0 A 　③ 1.5 A 　④ 2.0 A 　⑤ 2.5 A

【解答】　②

【解説】回路に流れる電流を下図のようにおくと、次の式が成り立つ。

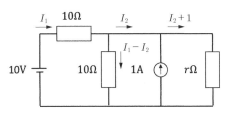

$$10I_1 + 10(I_1 - I_2) = 10 \quad \cdots\cdots (1)$$
$$10I_1 + r(I_2 + 1) = 10 \quad \cdots\cdots (2)$$
$$10I_1 + rI_2 = 10 - r \quad \cdots\cdots (2)'$$
$$20I_1 - 10I_2 = 10 \quad \cdots\cdots (1)'$$
$$-)\ \ 20I_1 + 2rI_2 = 20 - 2r \quad \cdots\cdots 2\times(2)'$$
$$-10I_2 - 2rI_2 = -10 + 2r$$

$$2(5 + r) I_2 = 2(5 - r)$$

$$I_2 = \frac{5 - r}{5 + r}$$

負荷抵抗 r で消費される電力を P とすると、P は次の式で表される。

$$P = r(I_2 + 1)^2 = r \left(\frac{5 - r + 5 + r}{5 + r} \right)^2 = \frac{100r}{(5 + r)^2}$$

$$\frac{dP}{dr} = \frac{100}{(5 + r)^2} - \frac{200r}{(5 + r)^3} = \frac{100(5 + r) - 200r}{(5 + r)^3} = \frac{500 - 100r}{(5 + r)^3} = 0$$

$$500 - 100r = 0$$

$$r = 5$$

$$I_2 = \frac{5 - r}{5 + r} = \frac{5 - 5}{5 + 5} = 0$$

負荷抵抗 r に流れる電流 $= I_2 + 1 = 0 + 1 = 1$

したがって、②が正答である。

なお、平成25年度試験において、類似の問題が出題されている。

○　電気回路に関する次の記述の、 □ に入る語句の組合せとして、最も適切なものはどれか。　　　　　　　　　　　　　　　　　　　　(H30－6)

　　キルヒホフの法則によると、複数の ア と抵抗からなる回路網を流れる イ は、それぞれの ア が単独で存在するときに回路を流れる イ の和で表すことができる。これを ウ と呼ぶ。回路網の任意の分岐点において流れ込む イ と流れ出る イ の和は等しくなる。回路網の任意の閉回路を一方向にたどるとき、回路中の ア の総和と抵抗による電圧降下の総和が等しくなる。

	ア	イ	ウ
①	電源	電流	重ね合わせの理
②	電圧	電流	重ね合わせの理
③	電源	電流	鳳－テブナンの定理
④	電圧	電界	鳳－テブナンの定理
⑤	電源	電界	重ね合わせの理

【解答】 ①

【解説】キルヒホフの法則には第一法則（電流則）と第二法則（電圧則）がある。

第一法則は、『回路の任意の接点から流出する電流の総和はゼロである』というもので、第二法則は、『抵抗による電圧降下の総和は、回路内の起電力の総和に等しい』というものである。この問題の最初の文章では、抵抗という文字があるので、第二法則に関するものであるとわかる。よって、アは「電源」とわかる。また、回路網を流れるという点から、イは「電流」とわかる。それぞれの電源が単独で存在する時の電流の和で回路網の電流を求める手法は、「重ね合わせの理」（ウの答え）である。

したがって、電源－電流－重ね合わせの理となるので、①が正答である。

○　下図の回路において、電流 I [A] の値はどれか。　　　　　（R4－7）

① 1 [A]

② 0.5 [A]

③ 2 [A]

④ 1.5 [A]

⑤ 10 [A]

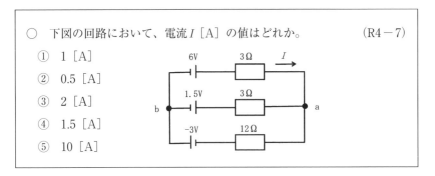

【解答】 ①

【解説】問題文の図に流れる電流を次のようにすると、次の式が成り立つ。

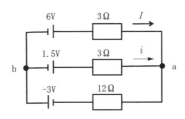

$$6 - 3I = 12(I + i) - 3 \quad \cdots\cdots (1)$$

$$1.5 - 3i = 12(I + i) - 3 \quad \cdots\cdots (2)$$

$$15I + 12i = 9 \quad\cdots\cdots (1)'$$

$$12I + 15i = 4.5 \quad\cdots\cdots (2)'$$

$$75I + 60i = 45 \quad\cdots\cdots (1)' \times 5$$

$$-)\ 48I + 60i = 18 \quad\cdots\cdots (2)' \times 4$$

$$27I = 27$$

$$I = 1 \quad [\text{A}]$$

したがって、①が正答である。

なお、令和2年度試験において、同一の問題が出題されている。

○　下図の抵抗と理想直流電圧源で構成される回路において、電流 I [A] の値として、適切なものはどれか。　　　　　　　　　　　(R3－6)

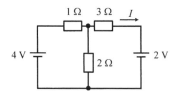

① $\dfrac{2}{11}$ A　② $\dfrac{14}{11}$ A　③ $\dfrac{16}{11}$ A　④ $\dfrac{14}{19}$ A　⑤ $\dfrac{24}{19}$ A

【解答】　①

【解説】下図のように、1Ωに流れる電流を i とすると、次の式が成り立つ。

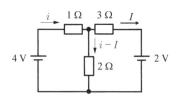

$$1 \times i + 2 \times (i - I) = 4 \quad\cdots\cdots (1)$$

$$3 \times (-I) + 2 \times (i - I) = 2 \quad\cdots\cdots (2)$$

$$3i - 2I = 4 \quad\cdots\cdots (1)'$$

$$2i - 5I = 2 \quad\cdots\cdots (2)'$$

$$6i - 4I = 8 \qquad \cdots\cdots 2\times(1)'$$
$$-)\ \ 6i - 15I = 6 \qquad \cdots\cdots 3\times(2)'$$
$$11I = 2$$
$$I = \frac{2}{11} \quad [\mathrm{A}]$$

したがって、①が正答である。

なお、平成22年度、平成23年度、平成24年度および平成26年度試験において、類似の問題が出題されている。

○　下図のような、9Vの理想直流電圧源、9Aの理想直流電流源及び抵抗を含む回路において、電流Iに最も近い値はどれか。　　　　（R3－5）

① 10 A
② 8 A
③ 6 A
④ 4 A
⑤ 2 A

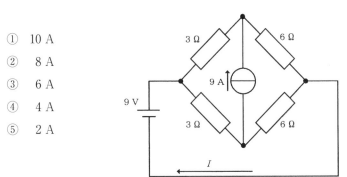

【解答】　⑤

【解説】電流値を下図のようにおくと、

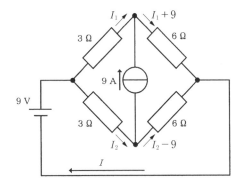

47

下記の式から、それぞれの電流値が求められる。

$$3 \times I_1 + 6(I_1 + 9) = 9$$

$$9I_1 + 54 = 9$$

$$9I_1 = -45$$

$$I_1 = -5 \quad [\text{A}]$$

$$3I_2 + 6(I_2 - 9) = 9$$

$$9I_2 - 54 = 9$$

$$9I_2 = 63$$

$$I_2 = 7$$

$$I = I_1 + I_2 = -5 + 7 = 2 \quad [\text{A}]$$

したがって、⑤が正答である。

　なお、平成23年度、平成24年度および令和元年度試験において、類似の問題が出題されている。

○　理想定電圧源と抵抗器からなる図の回路がある。端子1と端子2の間を開放状態に保ったときの、端子2に対する端子1の電位（開放電圧）を E_0 と表し、端子1と端子2の間を短絡状態に保った時の、端子1から端子2に流れる電流（短絡電流）を I_0 とするとき、E_0 と I_0 の組合せとして、最も適切なものはどれか。　　　　　　　　　　　　　　（R2－7）

①　$E_0 = \dfrac{R_1 E_1 + R_2 E_2}{R_1 + R_2}$ 、　　$I_0 = \dfrac{R_1 E_1 + R_2 E_2}{R_1 R_2}$

②　$E_0 = \dfrac{R_1 E_1 + R_2 E_2}{R_1 + R_2}$ 、　　$I_0 = \dfrac{R_2 E_1 + R_1 E_2}{R_1 R_2}$

③　$E_0 = \dfrac{R_1 E_1 - R_2 E_2}{R_1 + R_2}$ 、　　$I_0 = \dfrac{R_2 E_1 - R_1 E_2}{R_1 R_2}$

④　$E_0 = \dfrac{R_2 E_1 + R_1 E_2}{R_1 + R_2}$ 、　　$I_0 = \dfrac{R_1 E_1 + R_2 E_2}{R_1 R_2}$

⑤　$E_0 = \dfrac{R_2 E_1 + R_1 E_2}{R_1 + R_2}$ 、　　$I_0 = \dfrac{R_2 E_1 + R_1 E_2}{R_1 R_2}$

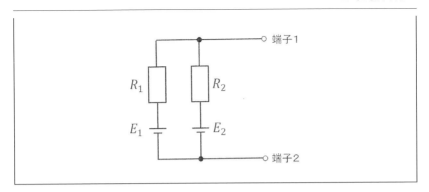

【解答】 ⑤

【解説】端子1-2間を開放したときの回路は、下図1のとおりであるので、電流 I は次のように表せる。

$$I = \frac{E_1 - E_2}{R_1 + R_2}$$

この I を用いると、開放電圧 E_0 は次のようになる。

$$E_0 = E_2 + R_2 I = E_2 + R_2 \frac{E_1 - E_2}{R_1 + R_2} = \frac{R_1 E_2 + R_2 E_2 + R_2 E_1 - R_2 E_2}{R_1 + R_2}$$

$$= \frac{R_2 E_1 + R_1 E_2}{R_1 + R_2}$$

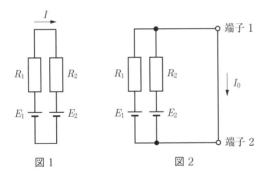

図1　　　　　　図2

次に端子1-2間を短絡したときは図2のようになるので、短絡電流 I_0 は次の式で表せる。

$$I_0 = \frac{E_1}{R_1} + \frac{E_2}{R_2} = \frac{R_2 E_1 + R_1 E_2}{R_1 R_2}$$

したがって、⑤が正答である。

なお、平成18年度および平成26年度試験において、同一の問題が出題されている。

○ 下図において2つの回路が等価になるような、抵抗 r の抵抗値〔Ω〕と電圧源 v の電圧〔V〕として、最も適切なものはどれか。　　(H30－8)

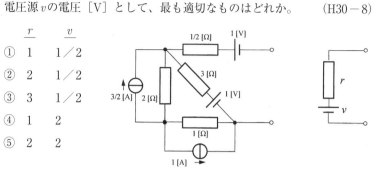

	r	v
①	1	1／2
②	2	1／2
③	3	1／2
④	1	2
⑤	2	2

【解答】　②

【解説】問題の図の電流源を電圧源に等価変換すると、下図（a）の回路となる。

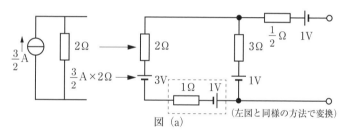

図（a）

図（a）の回路を書き換えると図（b）のようになる。

図（b）の左端の並列部を等価変換すると図（c）になる。

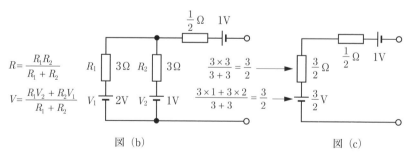

$$R = \frac{R_1 R_2}{R_1 + R_2}$$

$$V = \frac{R_1 V_2 + R_2 V_1}{R_1 + R_2}$$

図（b）　　　　　　図（c）

図（c）より $r = \dfrac{3}{2} + \dfrac{1}{2} = 2$〔Ω〕、$v = \dfrac{3}{2} - 1 = \dfrac{1}{2}$〔V〕となる。
したがって、②が正答である。

○ 下図の回路において、端子abからみた合成抵抗として、最も適切な
ものはどれか。 (R4－6)

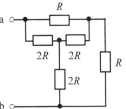

① 2R　② R　③ $\dfrac{2R}{3}$　④ $\dfrac{5R}{3}$　⑤ $\dfrac{4R}{3}$

【解答】 ⑤

【解説】問題文の回路を書き直すと、次の図のようになる。

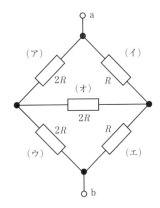

　　上図はブリッジ回路で、（ア）×（エ）と（イ）×（ウ）は次の関係に
なる。

$$（ア）×（エ） = 2R × R = 2R^2$$
$$（イ）×（ウ） = R × 2R = 2R^2$$

　　よって、（ア）×（エ）＝（イ）×（ウ）となり、（オ）の抵抗2Rには電
流が流れないのがわかる。そのため、この回路は、（ア）＋（ウ）＝4Rと
（イ）＋（エ）＝2Rの抵抗が並列になった回路と同等であるので、合成
抵抗（R_1）は次の式で求められる。

$$\frac{1}{R_1} = \frac{1}{4R} + \frac{1}{2R} = \frac{1+2}{4R} + \frac{3}{4R}$$

$$R_1 = \frac{4R}{3}$$

したがって、⑤が正答である。

なお、平成20年度、平成25年度、平成29年度および令和2年度試験において、同一の問題が出題されている。

○　下図のような直流回路において、抵抗 5 Ω の端子間の電圧が 2.1 V であった。このとき、電源電圧 E [V] として、最も近い値はどれか。

(R1－8)

① 2.5 V

② 3.0 V

③ 3.5 V

④ 4.0 V

⑤ 4.5 V

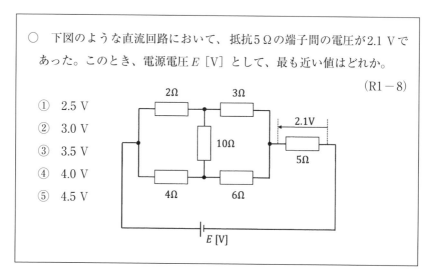

【解答】　③

【解説】問題文の並列部はブリッジ回路となっており、相対する抵抗の積が $2 \times 6 = 3 \times 4$ となっておりブリッジは平衡しているので、回路図で縦になっている 10 Ω の抵抗には電流が流れない。そのため、並列部は 5（= 2 + 3）Ω と 10（= 4 + 6）Ω の抵抗が並列に接続されている回路ということができる。その合成抵抗 R は次の式で求められる。

$$\frac{1}{R} = \frac{1}{5} + \frac{1}{10} = \frac{3}{10}$$

$$R = \frac{10}{3} \ [\Omega]$$

その右の 5 Ω の抵抗には 2.1 V かかっているので、流れている電流は 0.42 A とわかる。これから並列部にかかる電圧は 1.4（$= 0.42 \times \dfrac{10}{3}$）V となる。これらから、電源電圧 $E = 3.5$ V とわかる。

したがって、③が正答である。

なお、平成21年度および平成25年度試験において、類似の問題が出題されている。

○　電圧値 E の直流電圧源、電流値 I の直流電流源、抵抗値 R、R_x の抵抗から構成される下図の回路において、抵抗値 R_x の抵抗に流れる直流電流 i_x を示す式として、最も適切なものはどれか。　　　　　　　(H29－8)

① $\dfrac{3E + RI}{2R + 3R_x}$

② $\dfrac{3E}{2R + 3R_x}$

③ $\dfrac{RI}{2R + 3R_x}$

④ $\dfrac{3E + RI}{3R_x}$

⑤ $\dfrac{3E + RI}{R + 3R_x}$

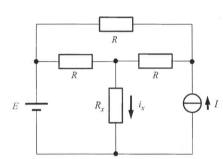

【解答】　①

【解説】下図のとおり、電流 i_1 と i_2 とすると、次の式が成り立つ。

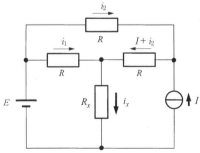

$$\begin{cases} Ri_1 + R_x i_x = E & \cdots\cdots (1) \\ Ri_2 = Ri_1 - R(I + i_2) & \cdots\cdots (2) \\ i_x = I + i_1 + i_2 & \cdots\cdots (3) \end{cases}$$

$$Ri_1 = E - R_x i_x \quad\cdots\cdots (1)'$$

$$2Ri_2 = Ri_1 - RI \quad\cdots\cdots (2)'$$

式 $(1)'$ を式 $(2)'$ に代入する。

$$2Ri_2 = E - R_x i_x - RI \quad \cdots\cdots (2)''$$

$2R \times$ 式 (3) より、

$$2Ri_x = 2RI + 2Ri_1 + 2Ri_2 \quad \cdots\cdots (3)'$$

式 $(3)'$ に式 $(1)'$ と式 $(2)''$ を代入すると次のようになる。

$$2Ri_x = 2RI + 2(E - R_x i_x) + E - R_x i_x - RI$$

$$2Ri_x = 2RI + 2E - 2R_x i_x + E - R_x i_x - RI$$

$$2Ri_x + 3R_x i_x = 3E + RI$$

$$(2R + 3R_x)i_x = 3E + RI$$

$$i_x = \frac{3E + RI}{2R + 3R_x}$$

したがって、①が正答である。

○　下図のテブナン等価回路のテブナン等価直流電圧源電圧 E_t とテブナン等価抵抗 R_t を示す式の組合せとして、最も適切なものはどれか。

ただし、R は抵抗、G はコンダクタンス、E は直流電圧源電圧、I は電流源電流である。　　　　　　　　　　　　　　　　　　　　　　(H28－5)

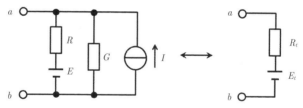

① $\quad E_t = \dfrac{(E + RI)G}{R(1 + RG)}, \quad R_t = \dfrac{G}{1 + RG}$

② $\quad E_t = \dfrac{(E + RI)(1 + RG)}{RG}, \quad R_t = \dfrac{1 + RG}{G}$

③ $\quad E_t = \dfrac{R(GE + I)}{1 + RG}, \quad R_t = \dfrac{1 + RG}{G}$

④ $\quad E_t = \dfrac{E + RI}{1 + RG}, \quad R_t = \dfrac{R}{1 + RG}$

⑤ $\quad E_t = \dfrac{R(GE + I)}{1 + RG}, \quad R_t = \dfrac{R}{1 + RG}$

【解答】 ④

【解説】 テブナンの等価抵抗 R_t は、回路網のすべての起電力を取り去ったとき（電圧源は短絡、電流源は開放）の2端子からみたインピーダンスであるので、次の式で求められる。

$$R_t = \frac{1}{\frac{1}{R} + G} = \frac{R}{1 + RG}$$

また、電圧を重ね合わせの理を用いて求める。

電流源を開放したときの電圧 E_1 と電圧源を短絡したときの電圧 E_2 は次のようになる。

$$E_1 = \frac{\frac{1}{G}}{R + \frac{1}{G}} E = \frac{E}{1 + RG}$$

$$E_2 = \frac{R \times \frac{1}{G}}{R + \frac{1}{G}} I = \frac{RI}{1 + RG}$$

$$E_t = E_1 + E_2 = \frac{E}{1 + RG} + \frac{RI}{1 + RG} = \frac{E + RI}{1 + RG}$$

したがって、④が正答である。

なお、平成20年度試験において、類似の問題が出題されている。

2. 交 流 回 路

○　下図のように抵抗 R〔Ω〕、コイル L〔H〕、コンデンサ C〔F〕、から
なる並列回路がある。回路に流れる電流 I〔A〕の大きさが最小となる
交流正弦波電源の周波数 f〔Hz〕として、最も適切なものはどれか。

(R4－11)

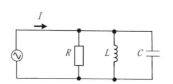

①　$\dfrac{1}{\sqrt{LC}}$ 　　　②　$\dfrac{1}{2\pi\sqrt{LC}}$ 　　　③　$\dfrac{1}{R}\sqrt{\dfrac{L}{C}}$

④　$\dfrac{1}{2\pi R}\sqrt{\dfrac{L}{C}}$ 　　　⑤　$\sqrt{\dfrac{L}{C}}$

【解答】　②

【解説】交流電源の電圧を V とすると、電流 I は次の式で求められる。

$$I = V\left(\frac{1}{R} + \frac{1}{j\omega L} + j\omega C\right) = \frac{V(j\omega L + R - \omega^2 RLC)}{j\omega RL}$$

電流 I が最小となるのは、$R - \omega^2 RLC = 0$ のときである。

$$\omega^2 RLC = R$$

$$\omega^2 = \frac{1}{LC}$$

$$\omega = 2\pi f = \frac{1}{\sqrt{LC}}$$

$$f = \frac{1}{2\pi\sqrt{LC}}$$

したがって、②が正答である。

○ 有限な値を有する理想的な回路素子 R、L、C で構成された下図の回路において、実効値 V の正弦波電圧源の角周波数 ω を変化させた場合の説明に関する次の記述の、□□□ に入る語句の組合せとして、最も適切なものはどれか。 (R4 – 12)

回路を流れる電流は、ある角周波数で ア となり、その極値における電流の実効値は イ である。

	ア	イ
①	極小	0
②	極小	$\dfrac{V}{R}$
③	極小	$\dfrac{V}{\sqrt{R^2 + \left(\omega L - \dfrac{1}{\omega C}\right)^2}}$
④	極大	$\dfrac{V}{R}$
⑤	極大	∞

【解答】 ④

【解説】 この回路のインピーダンス Z は次のようになる。

$$Z = R + j\omega L + \frac{1}{j\omega C} = R + j\left(\omega L - \frac{1}{\omega C}\right)$$

Z より電流の実効値は次のようになる。

$$I = \frac{V}{\sqrt{R^2 + \left(\omega L - \dfrac{1}{\omega C}\right)^2}}$$

この式から、 $\omega L = \dfrac{1}{\omega C}$ で極大となるのがわかる。

よって、 $\omega = \dfrac{1}{\sqrt{LC}}$ の角周波数で「極大」（アの答え）となる。

また、その際に電流は次のようになる。

$$I = \frac{V}{R} \quad \cdots\cdots （イの答え）$$

したがって、④が正答である。

なお、平成29年度試験において、同一の問題が出題されている。

○　交流回路に関する次の記述の、□□□□に入る数値の組合せとして、
最も適切なものはどれか。　　　　　　　　　　　　　　　　　　(R4−13)

　下図Aに示す回路の端子ab間の力率を改善するために、下図Bのよ
うにコンデンサを接続した。図Aの回路で、周波数50 Hzの交流電圧を
印加すると、力率は　ア　である。

　力率を1に改善するためには、静電容量が　イ　[μF] のコンデン
サを接続すればよい。ただし、$\tan^{-1} 0.577 \approx 30°$ である。

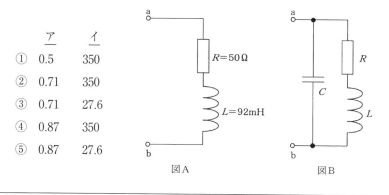

	ア	イ
①	0.5	350
②	0.71	350
③	0.71	27.6
④	0.87	350
⑤	0.87	27.6

図A　　　　　　図B

【解答】　⑤

【解説】交流電源の周波数を f、力率を $\cos\theta$ とすると、図Aの回路の $\tan\theta$ は
　　　　次の式で表される。

$$\tan\theta = \frac{2\pi f \times L}{R} = \frac{2\pi \times 50 \times 92 \times 10^{-3}}{50} = \frac{9.2\pi}{50} \fallingdotseq 0.577$$

　　　　$\tan^{-1} 0.577 \approx 30°$ より、　$\cos 30° = \dfrac{\sqrt{3}}{2} \fallingdotseq 0.87$　……（アの答え）

　　　　図Bの合成インピーダンス Z は次の式で求められる。

$$Z = \frac{1}{\dfrac{1}{R+j\omega L} + j\omega C} = \frac{1}{\dfrac{R - j\omega L}{R^2 + \omega^2 L^2} + j\omega C} = \frac{R^2 + \omega^2 L^2}{R - j\omega L + j\omega C(R^2 + \omega^2 L^2)}$$

　　　　力率が1になるのは $-L + C(R^2 + \omega^2 L^2) = 0$ のときであるので、

$$C(R^2 + \omega^2 L^2) = L$$

$$C = \frac{L}{R^2 + \omega^2 L^2} = \frac{92 \times 10^{-3}}{50^2 + (2\pi \times 50 \times 92 \times 10^{-3})^2} \fallingdotseq \frac{92 \times 10^{-3}}{3335}$$

$$\fallingdotseq 27.6 \times 10^{-6} \quad [\text{F}]$$

よって、$C = 27.6$ 〔μF〕 ……（イの答え）

したがって、⑤が正答である。

なお、平成30年度試験において、ほぼ同一の問題が出題されている。

○ 　下図のような実効値 V、角周波数 ω の正弦波電圧源と理想的な回路素子であるリアクトル L と抵抗 R からなる回路がある。このとき、回路に流れる電流の実効値 I と無効電力 Q の組合せとして、適切なものはどれか。ただし、遅れの無効電力を正とする。　　　　　　　　　　（R3−11）

	I	Q
①	$\dfrac{V}{R^2 + (\omega L)^2}$	$\dfrac{RV^2}{R^2 + (\omega L)^2}$
②	$\dfrac{V}{R^2 + (\omega L)^2}$	$\dfrac{R\omega L V^2}{R^2 + (\omega L)^2}$
③	$\dfrac{V}{\sqrt{R^2 + (\omega L)^2}}$	$\dfrac{RV^2}{R^2 + (\omega L)^2}$
④	$\dfrac{V}{\sqrt{R^2 + (\omega L)^2}}$	$\dfrac{\omega L V^2}{R^2 + (\omega L)^2}$
⑤	$\dfrac{V}{\sqrt{R^2 + (\omega L)^2}}$	$\dfrac{R\omega L V^2}{R^2 + (\omega L)^2}$

【解答】　④

【解説】　$Z = R + j\omega L$ であるので、問題の回路に流れる電流の実効値は、次のようになる。

$$I = \frac{V}{\sqrt{R^2 + (\omega L)^2}}$$

また、$\sin\theta = \dfrac{\omega L}{\sqrt{R^2 + (\omega L)^2}}$ なので、無効電力 Q は、次の式で求められる。

$$Q = VI\sin\theta = \frac{V^2\sin\theta}{\sqrt{R^2+(\omega L)^2}} = \frac{V^2}{\sqrt{R^2+(\omega L)^2}} \times \frac{\omega L}{\sqrt{R^2+(\omega L)^2}}$$

$$= \frac{\omega L V^2}{R^2+(\omega L)^2}$$

したがって、④が正答である。

なお、平成27年度および平成29年度試験において、同一の問題が出題されている。

○　下図のような、交流電圧源、コイル（L［H］）、コンデンサ（C［F］）及び抵抗（R_{out}［Ω］、R_{load}［Ω］）を含む回路において、交流電圧源からみた力率が1になるLの条件として最も適切なものはどれか。ただし、交流電圧源の角周波数はω［rad／s］とする。　　　　(R1－10)

① $L = \omega^2 C$

② $L = \dfrac{1}{C}$

③ $L = -C$

④ $L = \dfrac{C}{\omega^2}$

⑤ $L = \dfrac{1}{\omega^2 C}$

【解答】　⑤

【解説】この回路のインピーダンス（Z）は、次のようになる。

$$Z = R_{\text{out}} + R_{\text{load}} + j\omega L + \frac{1}{j\omega C} = R_{\text{out}} + R_{\text{load}} + j\omega L - j\frac{1}{\omega C}$$

Zの力率が1になるのは、次の式が成り立つときである。

$$\omega L = \frac{1}{\omega C}$$

$$L = \frac{1}{\omega^2 C}$$

したがって、⑤が正答である。

○ 下図Aに示す回路で、交流電源の電圧 v_o と抵抗 R の電圧 v_R をオシロスコープで測定したところ、下図Bのようになった。この場合、接続されているインピーダンス Z について、次の記述の、□□□の中に入る語句と数値の組合せとして、最も適切なものはどれか。ただし、$R = 25$ kΩ であったとする。 (R1−11)

図B中に破線で示した正弦波交流電源電圧 v_o を、オシロスコープ上で、時刻 t が0秒のとき $v_o = 0$ V となるようにした。この状態で、点aの電圧（v_o の振幅）は70.7 V であり、周期は10 ms であった。一方、実線で示した v_R の波形で、最初に最大になる点bの時刻と点aの時刻の差は0.83 ms であった。図Aの回路に接続されている Z がひとつの受動素子からなるとすると、Z は ア であり、その イ は ウ である。

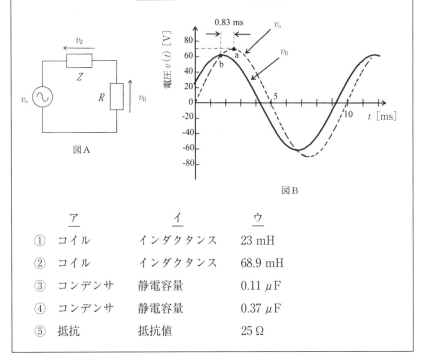

図A

図B

	ア	イ	ウ
①	コイル	インダクタンス	23 mH
②	コイル	インダクタンス	68.9 mH
③	コンデンサ	静電容量	0.11 μF
④	コンデンサ	静電容量	0.37 μF
⑤	抵抗	抵抗値	25 Ω

【解答】 ③

【解説】コイルは遅れ電流で、コンデンサは進み電流であるが、問題文のグラ

フの v_R は v_o より進んでいる。 v_R ＝電流×Rであるので、 v_R が進み電圧となっている場合には、電流は進み電流である。よって、Zは「コンデンサ」（アの答え）である。その進み角は、1周期が10 msから、下記の式で求められる。

$$360 \times \frac{0.83}{10} \fallingdotseq 30 \ [°]$$

この交流電流の周波数 f は、1周期が10 msから次のようになる。

$$f = \frac{1}{10 \times 10^{-3}} = 100 \ [Hz]$$

以上より「静電容量」（イの答え） C は、次の式で求められる。

$$\frac{\frac{1}{\omega C}}{R} = \frac{\frac{1}{2\pi f C}}{25 \times 10^3} = \frac{1}{50\pi \times 100 \times 10^3 C} = \tan 30° = \frac{1}{\sqrt{3}}$$
$$50\pi \times 100 \times 10^3 C = \sqrt{3}$$

$$C = \frac{\sqrt{3}}{5\pi \times 10^6} \fallingdotseq 0.11 \times 10^{-6} \ [F] = 0.11 \ [\mu F] \ \cdots\cdots \ （ウの答え）$$

したがって、コンデンサ－静電容量－0.11 μF となるので、③が正答である。

○　下図に示される、角周波数が ω 、実効値が E の交流電圧源とスイッチSW、抵抗器 R 、コンデンサ C 、インダクタ L からなる回路を考える。次の記述の、 $\boxed{}$ に入る数式の組合せとして、最も適切なものはどれか。 (H30－9)

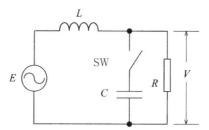

SW が開いている場合に抵抗の両端にかかる電圧は $\boxed{\text{ア}}$ 、SW が閉じている場合に抵抗の両端にかかる電圧は $\boxed{\text{イ}}$ となる。

	ア	イ
①	$\dfrac{R}{\sqrt{R^2 + (\omega L)^2}} E$	$\dfrac{R}{\sqrt{R^2(1 - \omega^2 CL)^2 + (\omega L)^2}} E$
②	$\dfrac{\omega L}{\sqrt{R^2 + (\omega L)^2}} E$	$\dfrac{\sqrt{1 + (\omega CR)^2}}{\sqrt{(1 - \omega^2 CL)^2 + (\omega CR)^2}} E$
③	$\dfrac{R}{\sqrt{R^2 + (\omega L)^2}} E$	$\dfrac{\sqrt{1 + (\omega CL)^2}}{\sqrt{(1 - \omega^2 CL)^2 + (\omega CR)^2}} E$
④	$\dfrac{\omega L}{\sqrt{R^2 + (\omega L)^2}} E$	$\dfrac{\omega L}{\sqrt{R^2(1 - \omega^2 CL)^2 + (\omega L)^2}} E$
⑤	$\dfrac{R}{\sqrt{R^2 + (\omega L)^2}} E$	$\dfrac{\omega L}{\sqrt{R^2(1 - \omega^2 CL)^2 + (\omega L)^2}} E$

【解答】 ①

【解説】SW が開いている場合は、RL の直列回路であるので、$Z_0 = R + j\omega L$ である。

　　　この場合の抵抗にかかる電圧 V は、次のようになる。

$$V = \frac{R}{\sqrt{R^2 + (\omega L)^2}} E \quad \cdots\cdots (\text{アの答え})$$

　　　また、SW が閉じている場合に、C と R の並列部のインピーダンスを Z_1、回路全体のインピーダンスを Z とすると、それぞれ次のようになる。

$$Z_1 = \frac{1}{\dfrac{1}{R} + j\omega C} = \frac{R}{1 + j\omega CR}$$

$$Z = j\omega L + Z_1 = j\omega L + \frac{R}{1 + j\omega CR} = \frac{j\omega L - \omega^2 CLR + R}{1 + j\omega CR}$$

$$= \frac{R(1 - \omega^2 CL) + j\omega L}{1 + j\omega CR}$$

　　　電圧 V は次のようになる。

$$V = \frac{|Z_1|}{|Z|} E = \frac{R}{\sqrt{R^2(1 - \omega^2 CL)^2 + (\omega L)^2}} E \quad \cdots\cdots (\text{イの答え})$$

したがって、①が正答である。

なお、平成25年度および平成27年度試験において、同一の問題が出題されている。

○　下図のように実効値 V の正弦波電圧源にダイオードとコンデンサからなる回路が構成されている。ダイオードは極性に応じて特定の方向にのみ電流が流れ、コンデンサは電圧の変化分が伝達されるとともに、両端の電位差に応じた電荷を蓄積する理想的な素子である。定常状態において、コンデンサ C_1 にかかる電圧 V_1 とコンデンサ C_2 にかかる電圧 V_2 の組合せとして、最も適切なものはどれか。　　　　　　　　　(H29－23)

	V_1	V_2
①	$-\sqrt{2}V$	$\sqrt{2}\dfrac{C_1}{C_2}V$
②	$\sqrt{2}V$	$\sqrt{2}\dfrac{C_1}{C_2}V$
③	$-\sqrt{2}V$	$2\sqrt{2}V$
④	$\sqrt{2}V$	$\sqrt{2}\dfrac{C_2}{C_1}V$
⑤	$\sqrt{2}V$	$2\sqrt{2}V$

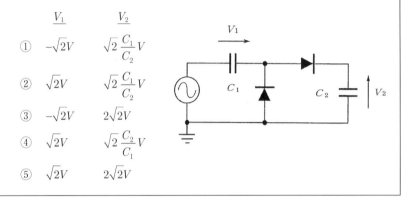

【解答】　⑤

【解説】交流電源で上向きに電圧がかかる場合には、次の式が成り立つ。

$$-V_1 + V_2 = \sqrt{2}V$$

次に、逆に電圧がかかる場合には C_1 にのみ電圧がかかるので、

$V_1 = \sqrt{2}V$ となる。

以上より、

$$-\sqrt{2}V + V_2 = \sqrt{2}V$$
$$V_2 = 2\sqrt{2}V$$

したがって、⑤が正答である。

なお、平成27年度試験において、同一の問題が出題されている。

○ 下図の回路において、C_xとR_xはコンデンサのキャパシタンスと内部抵抗である。検出器Dに電流が流れない条件で、R_xとC_xを示す式の組合せとして、適切なものはどれか。 (R3 − 13)

① $R_x = \dfrac{R_2}{R_3} R_1$ 、 $C_x = \dfrac{R_3}{R_2} C_1$

② $R_x = \dfrac{R_2}{R_3} R_1$ 、 $C_x = \dfrac{R_2}{R_3} C_1$

③ $R_x = \dfrac{R_3}{R_2} R_1$ 、 $C_x = \dfrac{R_2}{R_3} C_1$

④ $R_x = \dfrac{R_3}{R_2} R_1$ 、 $C_x = \dfrac{R_3}{R_2} C_1$

⑤ $R_x = \dfrac{R_2}{R_3} R_1$ 、 $C_x = -\dfrac{R_2}{R_3} C_1$

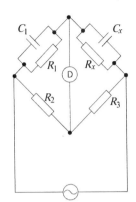

【解答】 ③

【解説】検出器Dに電流が流れないようにするには、相対する回路のインピーダンスの積が等しくなればよいので、次の式が成り立てばよい。

$$R_3 \left(\cfrac{1}{\cfrac{1}{R_1} + j\omega C_1} \right) = R_2 \left(\cfrac{1}{\cfrac{1}{R_x} + j\omega C_x} \right)$$

$$\frac{R_1 R_3}{1 + j\omega R_1 C_1} = \frac{R_2 R_x}{1 + j\omega R_x C_x}$$

$$R_1 R_3 (1 + j\omega R_x C_x) = R_2 R_x (1 + j\omega R_1 C_1)$$

$$R_1 R_3 + j\omega R_1 R_3 R_x C_x = R_2 R_x + j\omega R_2 R_x R_1 C_1$$

以上より次の2式が成り立てばよい。

$$\begin{cases} R_1 R_3 = R_2 R_x \\ R_1 R_3 R_x C_x = R_2 R_x R_1 C_1 \end{cases}$$

$$R_x = \frac{R_3}{R_2} R_1$$

$$C_x = \frac{R_2}{R_3} C_1$$

したがって、③が正答である。

なお、平成29年度試験において同一、平成20年度、平成24年度、平成26年度、平成28年度および令和元年度再試験において、類似の問題が出題されている。

○ 下図の回路において、C_xとR_xはコンデンサのキャパシタンスと内部抵抗である。検出器：Dに電流が流れない条件で、C_xとR_xを示す式の組合せとして、最も適切なものはどれか。 (R1−21)

① $R_x = \dfrac{C_2}{C_3} R_1$ 、 $C_x = \dfrac{R_1}{R_2} C_3$

② $R_x = \dfrac{C_2}{C_3} R_1$ 、 $C_x = -\dfrac{R_2}{R_1} C_3$

③ $R_x = \dfrac{C_3}{C_2} R_1$ 、 $C_x = \dfrac{R_2}{R_1} C_3$

④ $R_x = \dfrac{C_2}{C_3} R_1$ 、 $C_x = \dfrac{R_2}{R_1} C_3$

⑤ $R_x = \dfrac{C_3}{C_2} R_1$ 、 $C_x = \dfrac{R_1}{R_2} C_3$

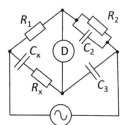

【解答】 ④

【解説】Dに電流が流れないのは、次の式が成り立つ場合である。

$$R_1 \times \frac{1}{j\omega C_3} = \left(R_x + \frac{1}{j\omega C_x} \right) \left(\frac{1}{\dfrac{1}{R_2} + j\omega C_2} \right)$$

$$\frac{R_1}{j\omega C_3} = \frac{j\omega C_x R_x + 1}{j\omega C_x} \cdot \frac{R_2}{1 + j\omega R_2 C_2}$$

$$\frac{R_1}{C_3} = \frac{j\omega R_2 R_x C_x + R_2}{C_x(1 + j\omega R_2 C_2)}$$

$$R_1 C_x (1 + j\omega R_2 C_2) = (j\omega R_2 R_x C_x + R_2) C_3$$

$$R_1 C_x + j\omega R_1 R_2 C_2 C_x = j\omega R_2 R_x C_3 C_x + R_2 C_3$$

以上より下記の式 (1) と式 (2) の2式が成り立つ場合である。

$$R_1 C_x = R_2 C_3 \qquad \cdots\cdots (1)$$

$$C_x = \frac{R_2}{R_1} C_3$$

$$R_1 R_2 C_2 C_x = R_2 R_x C_3 C_x \quad \cdots\cdots (2)$$

$$R_1 C_2 = R_x C_3$$

$$R_x = \frac{C_2}{C_3} R_1$$

したがって、④が正答である。

○ 交流ブリッジ回路の平衡条件に関する次の記述の、 <u>　　　</u> に入る数値の組合せとして、最も適切なものはどれか。 (R2−13)

下図のようなブリッジ回路が平衡状態にあるとき、$R_4 =$ <u>　ア　</u> Ω、

$L_4 =$ <u>　イ　</u> mHである。ただし、$R_1 = 2$ kΩ、$R_2 = 4$ kΩ、$R_3 = 60$ Ω、

$L_3 = 20$ mHとする。

	ア	イ
①	30	10
②	120	10
③	0.008	10
④	30	40
⑤	120	40

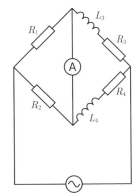

【解答】 ⑤

【解説】 このブリッジ回路が平衡状態にあるということは、次の関係式が成り立つ。

$$R_1 \times (R_4 + j\omega L_4) = R_2 (R_3 + j\omega L_3)$$

$$2 \times 10^3 \times R_4 + j2 \times 10^3 \omega \times L_4$$

$$= 4 \times 10^3 \times 60 + j\omega \times 4 \times 10^3 \times 20 \times 10^{-3}$$

以上より下記の2式が成り立つ場合である。

$$2 \times 10^3 R_4 = 4 \times 10^3 \times 60 \quad \cdots\cdots (1)$$

$$2 \times 10^3 L_4 = 80 \quad\quad\quad \cdots\cdots (2)$$

$$R_4 = 120 \,[\Omega]$$

$$L_4 = 40 \times 10^{-3} \,[\text{H}] \ = 40 \,[\text{mH}]$$

したがって、⑤が正答である。

なお、平成29年度試験において、類似の問題が出題されている。

○　下図のようなひずみ波交流電圧があり、時間を t とすると、その波形が次式で表されるとする。

$$V = 100\sqrt{2}\sin(100\pi t) + 50\sqrt{2}\cos(300\pi t)$$

このひずみ波交流電圧の実効値として、最も近い値はどれか。

（R3－12）

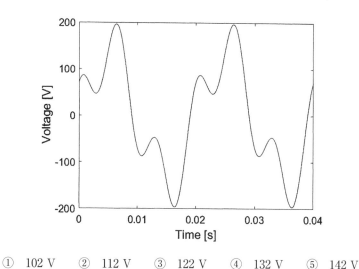

①　102 V　　②　112 V　　③　122 V　　④　132 V　　⑤　142 V

【解答】　②

【解説】　ひずみ波交流の実効値は、直流分と各調波成分の実効値の2乗の和の平方根で表される。正弦波交流の実効値＝ピーク値／$\sqrt{2}$ であるので、この交流電圧の実効値は次の式で求められる。

$$\sqrt{100^2 + 50^2} = \sqrt{10000 + 2500} = \sqrt{12500} \fallingdotseq 111.8$$

したがって、112が最も近い値であるので、②が正答である。

なお、平成18年度試験において、類似の問題が出題されている。

3. 端 子 回 路

○ 下図にMOS（Metal Oxide Semiconductor）トランジスタを用いた
ソース接地増幅器の小信号等価回路を示す。入力電圧 v_{in} と出力電圧 v_{out}

の比 $\dfrac{v_{out}}{v_{in}}$ を電圧増幅率という。電圧増幅率を表す式として、最も適切な

ものはどれか。ただし、r_d と R は抵抗とする。また、g_m は相互コンダク

タンスとし、回路における図記号 $\ominus$ の部分は理想電流源で、その電源

電流が電圧 v_{in} に比例する $g_m v_{in}$ であるとする。　　　　（R4－21）

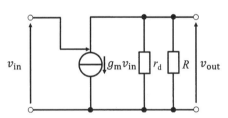

① $-\dfrac{g_m}{r_d R}$　　　　② $-\dfrac{g_m r_d}{r_d + R}$　　　③ $-\dfrac{g_m r_d R}{r_d + R}$

④ $-\dfrac{g_m(r_d + R)}{r_d R}$　　　⑤ $-\dfrac{g_m R}{r_d + R}$

【解答】　③

【解説】抵抗 r_d に下から上に流れる電流を i とすると、次の2式が成り立つ。

$$R(g_m v_{in} - i) = -v_{out} \quad \cdots\cdots (1)$$

$$i = -\dfrac{v_{out}}{r_d} \quad\quad\quad\quad \cdots\cdots (2)$$

式 (2) を式 (1) に代入すると次のようになる。

$$R \left(g_\mathrm{m} v_\mathrm{in} + \frac{v_\mathrm{out}}{r_\mathrm{d}} \right) = -v_\mathrm{out}$$

$$R r_\mathrm{d} g_\mathrm{m} v_\mathrm{in} + R v_\mathrm{out} = - r_\mathrm{d} v_\mathrm{out}$$

$$R v_\mathrm{out} + r_\mathrm{d} v_\mathrm{out} = - R r_\mathrm{d} g_\mathrm{m} v_\mathrm{in}$$

$$(r_\mathrm{d} + R) v_\mathrm{out} = - g_\mathrm{m} r_\mathrm{d} R v_\mathrm{in}$$

$$\frac{v_\mathrm{out}}{v_\mathrm{in}} = - \frac{g_\mathrm{m} r_\mathrm{d} R}{r_\mathrm{d} + R}$$

したがって、③が正答である。

なお、平成26年度試験において、同一の問題が出題されている。

○　下図に残留抵抗 R_S を考慮した MOS（Metal Oxide Semiconductor）トランジスタの簡易化した等価回路を示す。端子 ab 間に電圧 v_GS を印加した場合、$g_\mathrm{m} v_\mathrm{i} = g_\mathrm{me} v_\mathrm{GS}$ で定義される実効的な相互コンダクタンス g_me を表す式として、適切なものはどれか。　　　　　　　　(R3 − 22)

　　ただし、g_m は相互コンダクタンスとし、回路における図記号 $\ominus$ の部分は理想電流源で、その電源電流が電圧 v_i に比例する $g_\mathrm{m} v_\mathrm{i}$ であるとする。

① $\dfrac{1}{1 + g_\mathrm{m} R_\mathrm{S}}$　　② $\dfrac{1 + g_\mathrm{m}}{1 + g_\mathrm{m} R_\mathrm{S}}$　　③ $\dfrac{g_\mathrm{m}}{1 + g_\mathrm{m} R_\mathrm{S}}$

④ $\dfrac{g_\mathrm{m} R_\mathrm{S}}{1 + g_\mathrm{m} R_\mathrm{S}}$　　⑤ $\dfrac{1 + R_\mathrm{S}}{1 + g_\mathrm{m} R_\mathrm{S}}$

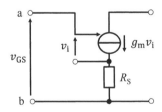

【解答】　③

【解説】問題の図より次の式が成り立つ。

$$v_\mathrm{GS} = v_\mathrm{i} + R_\mathrm{S} g_\mathrm{m} v_\mathrm{i} = v_\mathrm{i} (1 + g_\mathrm{m} R_\mathrm{S})$$

問題文中の $g_\mathrm{m} v_\mathrm{i} = g_\mathrm{me} v_\mathrm{GS}$ より、上記の式は次のようになる。

$$v_\mathrm{GS} = \frac{g_\mathrm{me} v_\mathrm{GS}}{g_\mathrm{m}}(1 + g_\mathrm{m} R_\mathrm{S})$$

$$g_\mathrm{m} = g_\mathrm{me}(1 + g_\mathrm{m} R_\mathrm{S})$$

$$g_\mathrm{me} = \frac{g_\mathrm{m}}{1 + g_\mathrm{m} R_\mathrm{S}}$$

したがって、③が正答である。

なお、令和元年度再試験において類似、令和2年度試験において同一の問題が出題されている。

○ 下図のように電圧 v_{in} を印加したとき、抵抗 R_L にかかる電圧は v_{out} となった。電圧の比 $\dfrac{v_{out}}{v_{in}}$ を表す式として最も適切なものはどれか。ただし、回路における図記号 ⊖ の部分は理想電流源で、その電流源が電圧 v_{gs} に比例する電流 $g_m v_{gs}$ であるとする。　　　　　(H30 − 22)

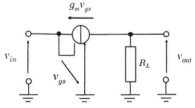

① $g_m R_L$　　② $-g_m R_L$　　③ $\dfrac{1}{g_m R_L}$

④ $\dfrac{-1}{g_m R_L}$　　⑤ $R_L + \dfrac{1}{g_m}$

【解答】　①

【解説】　v_{in} と v_{out} は、次のようになる。

$$v_{in} = -v_{gs}$$

$$v_{out} = -R_L g_m v_{gs}$$

$$\frac{v_{out}}{v_{in}} = \frac{-R_L g_m v_{gs}}{-v_{gs}} = g_m R_L \quad = ①$$

したがって、①が正答である。

4. 過 渡 現 象

○　下図の回路において、Eは定電圧電源、RとLは理想的な素子とする。時刻$t<0$でスイッチSは開いている。時刻$t\geqq 0$でスイッチSを閉じるものとする。$t\geqq 0$における電流I_Lを表す式として、最も適切なものはどれか。 (R4－8)

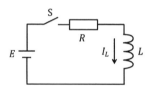

①　$I_L = \dfrac{E}{R}\left(1 - e^{-\frac{R}{L}t}\right)$　　②　$I_L = \dfrac{E}{R}\left(1 - e^{-\frac{L}{R}t}\right)$　　③　$I_L = \dfrac{E}{R}e^{-\frac{R}{L}t}$

④　$I_L = 0$　　　　　　⑤　$I_L = \dfrac{E}{R}e^{-\frac{L}{R}t}$

【解答】　①

【解説】$t = 0$でスイッチを入れた時点で電流（I_L）は0であるので、そうならない③と⑤は正答ではないのがわかる。また、$t\geqq 0$で電流は増加していくので、$I_L = 0$で一定としている④も正答ではないのがわかる。よって、①と②のどちらかが正答である。

　　RL回路の微分方程式は次のようになる。

$$L\frac{di}{dt} + Ri = E$$

　　直流の余関数は$i = ke^{st}$　であるので、上式は次のようになる。

$$Lske^{st} + Rke^{st} = 0$$

$$(Ls + R) ke^{st} = 0$$

$$Ls + R = 0$$

$$s = -\frac{R}{L}$$

したがって、①が正答である。

なお、平成29年度試験において、同一の問題が出題されている。

○　過渡現象に関する次の記述の、　　　　　に入る数式の組合せとして、最も適切なものはどれか。　　　　　　　　　　　　　　　　　　（R4－9）

　抵抗値Rの抵抗と静電容量Cのコンデンサを直列に接続した回路に時間$t=0$において直流電圧Eを印加する。ただし、$t=0$のときコンデンサの電荷はゼロとする。このとき回路には、過渡電流$i(t)=$　ア　が流れる。この回路において、$t=0$から∞までの間に抵抗で消費されるエネルギーをW_R、$t=∞$において、コンデンサに蓄積されるエネルギーをW_Cとすると$W_R / W_C =$　イ　である。

	ア	イ
①	$\frac{E}{R}e^{-\frac{R}{C}t}$	1
②	$\frac{E}{R}e^{-\frac{t}{CR}}$	$\frac{R}{C}$
③	$\frac{E}{R}e^{-\frac{t}{CR}}$	1
④	$\frac{E}{R}e^{-\frac{R}{C}t}$	$\frac{R}{C}$
⑤	$\frac{E}{R}e^{-\frac{t}{CR}}$	$\frac{R^2}{C^2}$

【解答】　③

【解説】RCの直列回路において、$t=0$でSWを閉じて電源Eを接続したときには、下記の式が成り立つ。

$$Ri + \frac{1}{C}\int i dt = E$$

ここで、$i = \dfrac{dq}{dt}$ の関係を用いると、上の式は次のようになる。

$$R \frac{dq}{dt} + \frac{1}{C} q = E$$

右辺＝0としたときの余関数 q_1 の解を求める。

$$R \frac{dq_1}{dt} + \frac{1}{C} q_1 = 0$$

$q_1 = ke^{st}$ （k：定数）と置くと、次のようになる。

$$\left(Rs + \frac{1}{C} \right) ke^{st}$$

$ke^{st} \neq 0$ であるので、

$$Rs + \frac{1}{C} = 0$$

$$s = -\frac{1}{CR}$$

よって、アは、$\left\lceil \dfrac{E}{R} e^{-\frac{t}{CR}} \right\rfloor$

抵抗で消費される電力は、次の式になる。

$$Ei = Ri^2 = R \left(\frac{E}{R} e^{-\frac{t}{CR}} \right)^2 = \frac{E^2}{R} e^{-\frac{2t}{CR}}$$

$$W_R = \frac{E^2}{R} \int_0^\infty e^{-\frac{2t}{CR}} dt = \frac{E^2}{R\left(-\frac{2}{CR}\right)} \left[e^{-\frac{2t}{CR}} \right]_0^\infty = -\frac{CE^2}{2}(0-1) = \frac{1}{2}CE^2$$

一方、コンデンサに蓄積されるエネルギーは、$W_C = \dfrac{1}{2}CE^2$

よって、$W_R / W_C = 1$　……（イの答え）

したがって、③が正答である。

○　下図に示される、スイッチSW、理想直流電圧電源 E、抵抗器 R、コンデンサ C、インダクタ L からなる回路で、時刻 $t=0$ でスイッチを閉じる。このとき回路に流れる電流 i が振動しない条件として、適切なものはどれか。

（R3－9）

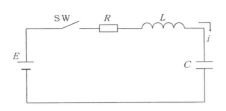

① $\quad R \leq \dfrac{C}{L}$ ② $\quad 4L \leq CR^2$ ③ $\quad CR \leq 4L$

④ $\quad CL \leq R$ ⑤ $\quad C \leq LR$

【解答】 ②

【解説】 RLCの直列回路において、$t = 0$でSWを閉じて電源Eを接続したときには、下記の式が成り立つ。

$$Ri + L\frac{di}{dt} + \frac{1}{C}\int idt = E$$

ここで、$i = \dfrac{dq}{dt}$ の関係を用いると、上の式は次のようになる。

$$L\frac{d^2q}{dt^2} + R\frac{dq}{dt} + \frac{1}{C}q = E$$

右辺$= 0$としたときの余関数q_1の解を求める。

$$L\frac{d^2q_1}{dt^2} + R\frac{dq_1}{dt} + \frac{1}{C}q_1 = 0$$

$q_1 = ke^{st}$ （k：定数）と置くと、次のようになる。

$$\left(Ls^2 + Rs + \frac{1}{C}\right)ke^{st} = 0$$

$ke^{st} \neq 0$ であるので、

$$Ls^2 + Rs + \frac{1}{C} = 0$$

$$s = \frac{1}{2L}\left(-R \pm \sqrt{R^2 - \frac{4L}{C}}\right)$$

振動するのは、負の実数部をもつ共役複素根の場合であるので、

$$R^2 - \frac{4L}{C} < 0$$

$$CR^2 - 4L < 0$$

$CR^2 < 4L$ のときに振動する。

よって、$4L \leq CR^2$のときは振動しない。

したがって、②が正答である。

なお、平成25年度、平成26年度および令和元年度試験において、ほぼ同一の問題が出題されている。

○ 下図において、スイッチSは時刻 $t = 0$ より以前は開いており、それ以降は閉じているものとする。このとき、時刻 $t \geqq 0$ における電流 I_L を表す式として、適切なものはどれか。 （R3-10）

① $I_L = \dfrac{E}{R_0 + R} e^{-\frac{t}{RL}}$

② $I_L = \dfrac{E}{R_0 + R} e^{-\frac{R}{L}t}$

③ $I_L = \dfrac{E}{R_0 + R} e^{-\frac{L}{R}t}$

④ $I_L = \dfrac{E}{R} e^{-\frac{R}{L}t}$

⑤ $I_L = \dfrac{E}{R} e^{-\frac{L}{R}t}$

【解答】 ②

【解説】 この回路の初期値はスイッチSが開いているときであるので、そのときの I_L は次の式で求められる。

$$I_L(0) = \frac{E}{R_0 + R}$$

$t = 0$ で、上記の $I_L(0)$ にならない④と⑤は正答でないのがわかる。

スイッチSを閉じた後の R と L の回路は次の式になる。

$$RI_L + L\frac{dI_L}{dt} = 0 \quad \cdots\cdots (1)$$

直流の場合 RL 回路は $I_L = ke^{st}$ と置けるので、式(1)は次のようになる。

$$Rke^{st} + Lske^{st} = 0$$

$$R + sL = 0$$

$$s = -\frac{R}{L}$$

また、$k = I_L(0)$ となるので、

$$I_L = \frac{E}{R_0 + R} e^{-\frac{R}{L}t}$$

したがって、②が正答である。

なお、令和元年度試験において同一、令和元年度再試験において類似
の問題が出題されている。

○　下図の回路において、時刻 $t = 0$ で、スイッチ S を閉じる。そのとき、
初期条件 $v(0) = v_0$ を満たす電圧 $v(t)$ を表す式として、最も適切なもの
はどれか。ただし、E は理想直流電圧源、R は抵抗、C はコンデンサ
（キャパシタ）を表す。　　　　　　　　　　　　　　　　　　(R2−9)

① $\left(v_0 + E\right)e^{-\frac{t}{RC}} - E$

② $\left(v_0 + E\right)e^{-\frac{t}{RC}} + E$

③ $\left(v_0 - E\right)e^{-\frac{t}{RC}} + E$

④ $\left(v_0 - E\right)e^{\frac{t}{RC}} + E$

⑤ $\left(v_0 - E\right)e^{\frac{t}{RC}} - E$

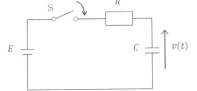

【解答】　③

【解説】　$t = 0$ のときには $v(0) = v_0$ であるが、そうならない②、⑤は正答では
ないのがわかる。また、スイッチ S を閉じて長い時間が経った場合
（$t \to \infty$）では、$v(\infty) = E$ であるので、そうならない①も正答ではない
のがわかる。よって、③と④のどちらかが正答である。次に、RLC の
直列回路において、$t = 0$ で SW を閉じて電源 E を接続したときには、
下記の式が成り立つ。

$$Ri + \frac{1}{C}\int i\,dt = E$$

ここで、$i = \frac{dq}{dt}$ の関係を用いると、上の式は次のようになる。

77

$$R\frac{dq}{dt} + \frac{1}{C}q = E$$

右辺 = 0としたときの余関数 q_1 の解を求める。

$$R\frac{dq_1}{dt} + \frac{1}{C}q_1 = 0$$

$q_1 = ke^{st}$　（k：定数）と置くと、次のようになる。

$$\left(Rs + \frac{1}{C}\right)ke^{st} = 0$$

$ke^{st} \neq 0$　であるので、

$$Rs + \frac{1}{C} = 0$$

$$s = -\frac{1}{RC}$$

したがって、③が正答である。

○　下図に示される、スイッチSW、理想直流電圧源 E、抵抗器 R、コイル L からなる回路で、スイッチSWを接点aに接続し充分に長い時間たった後、接点bに切り替えた場合に、この後回路に流れる電流 i として、最も適切なものはどれか。なお、スイッチを切り替えた時刻を $t = 0$ とする。　　　　　　　　　　　　　　　　　　　　　　　　　　（R2 − 10）

① 　$i = \dfrac{R}{E}e^{-\frac{R}{L}t}$

② 　$i = \dfrac{E}{R}\left(1 - e^{-\frac{R}{L}t}\right)$

③ 　$i = \dfrac{E}{R}e^{\frac{R}{L}t}$

④ 　$i = \dfrac{E}{R}e^{-\frac{R}{L}t}$

⑤ 　$i = \dfrac{E}{R}\left(1 + e^{-\frac{R}{L}t}\right)$

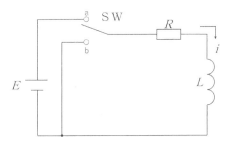

【解答】 ④

【解説】 スイッチSWを接点bに切り替える直前には、 $i = \dfrac{E}{R}$ が流れているので、$t = 0$ を代入してそうならない①、②、⑤は正答ではないのがわかる。よって、③と④のどちらかが正答である。

RL回路の微分方程式は次のようになる。

$$L\frac{di}{dt} + Ri = E$$

直流の余関数は $i = ke^{st}$ であるので、上式は次のようになる。

$$Lske^{st} + Rke^{st} = 0$$
$$(Ls + R)\,ke^{st} = 0$$
$$Ls + R = 0$$
$$s = -\frac{R}{L}$$
$$i(0) = ke^0 = k = \frac{E}{R}$$

したがって、 $i = \dfrac{E}{R}e^{-\frac{R}{L}t}$ となるので、④が正答である。

○ 下図のように、時間 $t < 0$ ではスイッチはa側にあり、$t = 0$ でスイッチをaからbに切り替えることのできる直流電流源 I の回路がある。$t > 0$ のときの i_2、v_L と、$t = \infty$ のときの v_R1 の組合せとして、最も適切なものはどれか。ただし、R_1、R_2 は抵抗であり、L はインダクタンスを表す。

(H30−11)

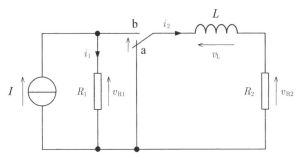

	i_2	v_L	v_{R1}
①	$\dfrac{R_1}{R_1 + R_2} I \left(1 - e^{-\frac{L}{R_1 + R_2}t} \right)$	$R_1 I e^{-\frac{L}{R_1 + R_2}t}$	$\dfrac{R_1 + R_2}{R_1 R_2} I$
②	$\dfrac{R_1}{R_1 + R_2} I \left(1 - e^{-\frac{R_1 + R_2}{L}t} \right)$	$R_1 I e^{-\frac{R_1 + R_2}{L}t}$	$\dfrac{R_1 R_2}{R_1 + R_2} I$
③	$\dfrac{R_2}{R_1 + R_2} I \left(1 - e^{-\frac{R_1 + R_2}{L}t} \right)$	$R_2 I e^{-\frac{R_1 + R_2}{L}t}$	$\dfrac{R_1 + R_2}{R_1 R_2} I$
④	$\dfrac{R_1}{R_1 + R_2} I \left(1 - e^{-\frac{R_1 + R_2}{L}t} \right)$	$R_1 I e^{-\frac{R_1 + R_2}{L}t}$	$\dfrac{R_1 + R_2}{R_1 R_2} I$
⑤	$\dfrac{R_1}{R_1 + R_2} I \left(1 - e^{-\frac{L}{R_1 + R_2}t} \right)$	$R_1 I e^{-\frac{L}{R_1 + R_2}t}$	$\dfrac{R_1 R_2}{R_1 + R_2} I$

【解答】　②

【解説】問題の回路の電流源を電圧源に置き換えた等価回路は次のようになる。

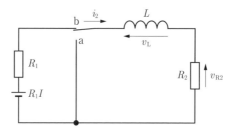

　　　スイッチをaからbに切り替えた際には、この回路の式は次のように
なる。

$$R_1 I = L \cdot \frac{di}{dt} + (R_1 + R_2) i_2 \qquad \cdots\cdots (1)$$

$i(t) = ke^{st}$　とし、$t = 0$ では $R_1 I = 0$ であるので、式 (1) は次のように
なる。

$$sLke^{st} + (R_1 + R_2) ke^{st} = 0$$

$$sL + (R_1 + R_2) = 0$$

$$s = -\frac{R_1 + R_2}{L}$$

$t = \infty$ のときの電流は、$R_1 I = (R_1 + R_2) i_2 (\infty)$ より、

$$i_2\left(\infty\right) = \frac{R_1 I}{R_1 + R_2} = ke^{\infty} = k$$

以上より、L と R の直列回路の電流は次の式になる。

$$i_2 = \frac{R_1}{R_1 + R_2} I\left(1 - e^{-\frac{R_1 + R_2}{L}t}\right)$$

$$v_L = L \cdot \frac{di_2}{dt} = L\left(-\frac{R_1 I}{R_1 + R_2} e^{-\frac{R_1 + R_2}{L}t}\right)\left(-\frac{R_1 + R_2}{L}\right)$$

$$= R_1 I e^{-\frac{R_1 + R_2}{L}t}$$

問題の図に戻って考えると、$t = \infty$ のときの $v_{R1} = v_{R2}$ は次の式で求められる。

$$v_{R1} = v_{R2} = R_2 i_2\left(\infty\right) = R_2 \frac{R_1 I}{R_1 + R_2} = \frac{R_1 R_2}{R_1 + R_2} I$$

したがって、②が正答である。

○　過渡現象に関する次の記述の、　　　　　　に入る適当な式の組合せとして、最も適切なものはどれか。　　　　　　　　　　　　　　　　(H30 − 12)

　下図に示す回路で、予めスイッチは a 側に接続されており、十分時間が経過しているものとする。時刻 $t = 0$ でスイッチを b 側に接続した直後、抵抗値 R ［Ω］の抵抗には、大きさ　ア　［A］の電流が流れ、静電容量 C ［F］のコンデンサの電圧 $v_c\left(t\right)$ は、傾きは　イ　である。また、時定数 $\tau =$　ウ　［s］の時刻になると、$v_c\left(t\right)$ は　エ　［V］となる。ただし、e は自然対数の底である。

	ア	イ	ウ	エ
①	$\dfrac{V_0}{R}$	$\dfrac{V_0}{RC}$	RC	$\dfrac{V_0}{e}$
②	RV_0	RCV_0	$\dfrac{R}{C}$	$\left(1 - e^{-1}\right)V_0$
③	$\dfrac{V_0}{R}$	$\dfrac{CV_0}{R}$	$\dfrac{R}{C}$	$\dfrac{V_0}{\sqrt{2}}$
④	RV_0	$\dfrac{V_0}{RC}$	$\dfrac{1}{RC}$	$\dfrac{V_0}{e}$
⑤	$\dfrac{V_0}{CR}$	$\dfrac{V_0}{RC}$	RC	$\left(1 - e^{-1}\right)V_0$

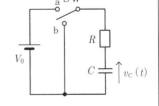

【解答】 ①

【解説】SW が a 側に接続されて十分に時間が経過している場合には、$v_C = V_0$ となっている。SW を b 側に接続した直後には、抵抗 R には「$\dfrac{V_0}{R}$」（アの答え）の電流が流れる。

また、SW を b 側に接続した際に抵抗 R に流れる電流を i_R、コンデンサ C に流れる電流を i_C とすると、次の式が成り立つ。

$$v_C = Ri_R \quad \to \quad i_R = \frac{v_C}{R} \quad \cdots\cdots (1)$$

$$i_C = C\frac{dv_C}{dt} \quad \cdots\cdots (2)$$

$$i_R + i_C = 0 \quad \cdots\cdots (3)$$

式 (1) と式 (2) を式 (3) に代入すると次のようになる。

$$\frac{v_C}{R} + C\frac{dv_C}{dt} = 0$$

$$\frac{v_C}{RC} + \frac{dv_C}{dt} = 0 \quad \cdots\cdots (4)$$

SW を b 側に接続した直後は $v_C = V_0$ であるので、傾きは次のようになる。

$$\frac{dv_C}{dt} = -\frac{v_C}{RC} = -\frac{V_0}{RC} \quad \cdots\cdots （イの答え）$$

$v_C(t) = V_0 e^{st}$ とすると、式 (4) は次のようになる。

$$\frac{V_0}{RC}e^{st} + sV_0 e^{st} = 0$$

$$V_0\left(\frac{1}{RC} + s\right)e^{st} = 0$$

$$s = -\frac{1}{RC} = -\frac{1}{\tau}$$

$$\tau = RC \quad \cdots\cdots （ウの答え）$$

$$v_C(t) = V_0 e^{-\frac{t}{RC}}$$

$t = \tau = RC$ のとき

$$v_C(RC) = V_0 e^{-\frac{RC}{RC}} = V_0 e^{-1} = \frac{V_0}{e} \quad \cdots\cdots （エの答え）$$

したがって、①が正答である。

○ 下図の回路で最初スイッチSWは開いており、コンデンサ（静電容量
を C [F]）には電圧 V [V] が生じていたものとする。スイッチSWで
抵抗（抵抗値を R [Ω]）を接続した際に生じる過渡現象について、最も
不適切な記述はどれか。　　　　　　　　　　　　　　（R1再－10）

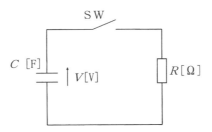

① 過渡現象の時定数は RC である。

② 電流はスイッチを投入した瞬間は0であり、その後徐々に増大する。

③ 十分に長い時間が経過するまでに抵抗 R が消費するエネルギーは
$\frac{1}{2}CV^2$ である。

④ スイッチ投入時に流れる電流は $\frac{V}{R}$ である。

⑤ 徐々にコンデンサの電圧が減少していくのは抵抗にエネルギーを供
給するからである。

【解答】　②

【解説】①RC回路における過渡現象の時定数は RC であるので、適切な記述で
　　　　ある。

　　　　②コンデンサからの放電はスイッチを入れた際に最大となり、その後
　　　　は減少していくので、不適切な記述である。

　　　　③十分に長い時間が経過すると、コンデンサに蓄えられていた電荷が
　　　　すべて放電されるので、抵抗 R で消費されるエネルギーはコンデン
　　　　サに蓄えられていたエネルギーと等しくなる。その値は $\frac{1}{2}CV^2$ で
　　　　あるので、適切な記述である。

　　　　④スイッチ投入時には抵抗 R に電圧 V がかかるので、電流は $\frac{V}{R}$ である。
　　　　よって、適切な記述である。

⑤スイッチ投入後は、コンデンサからエネルギーが抵抗に放出されて
いくので電圧が減少していく。よって、適切な記述である。

なお、平成24年度試験において、同一の問題が出題されている。

○　下図の回路で、スイッチSを閉じたまま十分な時間が経過した後、時
刻 $t = 0$ [s] にて、Sを開いた。その直後にコイルにかかる電圧を a [V]
とすると、$t > 0$ における電圧 $v(t)$ [V] は、図中の矢印の向きを正と
して、次式のように表される。

$$v(t) = a \exp(-\alpha t) + b$$

a、b、α の値の組合せとして、最も適切なものは次のうちどれか。

(R4－10)

	a	b	α
①	20	0	0.005
②	20	4	200
③	4	0	0.005
④	−20	0	200
⑤	−20	4	200

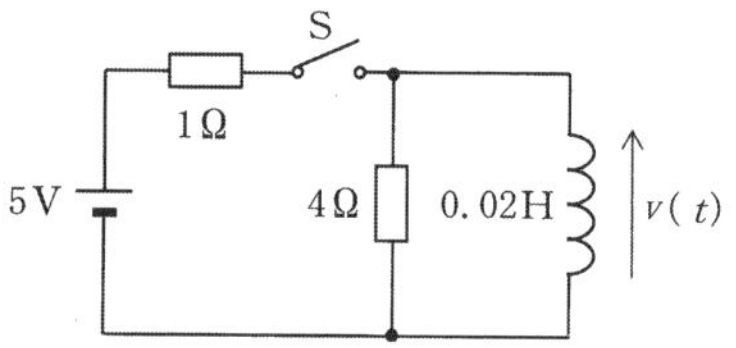

【解答】　④

【解説】　スイッチSを開いたのちに時間が十分に経った $t = \infty$ では、$v(\infty) = 0$
であるので、$v(\infty) = a \times 0 + b = b = 0$ となる。

　一方、スイッチSを閉じたまま十分な時間が経過している時点では、
4Ωの抵抗には電流が流れていないので、コイルには、5 A（＝5 V／
1Ω）の電流が図の上から下に流れている。スイッチSを開いた瞬時には、
抵抗4Ωには図の下から上に5 Aの電流が流れるので、スイッチSを開
いた瞬時の $v(0)$ は次のようになる。

$$v(0) = a \exp(-0) = 4 \times (-5) = -20$$

$$a \times 1 = a = -20$$

　また、スイッチSが開いた後は、LR直列回路であるので、その場合
は $\alpha = \dfrac{R}{L}$ となるので、$\alpha = \dfrac{R}{L} = \dfrac{4}{0.02} = 200$ である。よって、電圧の式

は次のようになる。

$$v(t) = -20 \exp(-200t)$$

したがって、④が正答である。

　なお、平成24年度試験において同一、令和元年度再試験において類似の問題が出題されている。

5. 電　磁　気

○　下図のように、真空中に置かれた半径 a の半円とその中心 O に向かう 2 つの半直線とからできた回路に電流 I が流れている。半円の中心 O における磁界の大きさを表した式として、最も適切なものはどれか。ただし、真空の透磁率を μ_0 とする。　　　　　　　　　　　　　　（R4 － 4）

① $\dfrac{I}{4\pi\mu_0 a}$　　② $\dfrac{I}{2\pi\mu_0 a}$　　③ $\dfrac{I}{4\pi a}$　　④ $\dfrac{I}{2\pi a}$　　⑤ $\dfrac{I}{4a}$

【解答】　⑤

【解説】真空中において、電流の流れる長さ Δl の部分が半径 a だけ離れた点 O に生じる磁束密度 ΔB は、ビオ・サバールの法則から次式で表される。

$$\Delta B = \frac{\mu_0 I}{4\pi a^2}\,\Delta l \sin\theta$$

半円の長さ l は、$l = \dfrac{2\pi a}{2} = \pi a$

磁束密度 B は、次のようになる。

$$B = \int_0^{\pi a} \Delta B\,dl = \frac{\mu_0 I}{4\pi a^2}\,(\pi a - 0) = \frac{\mu_0 I}{4a}$$

磁界の大きさ H は $B = \mu_0 H$ であるので、

$$H = \frac{I}{4a}$$

したがって、⑤が正答である。

○　空間の電界及び磁界をそれぞれ E、B とすると、点電荷 q（$q > 0$）に働くローレンツ力 F はクーロン力を含む形として次式で表される。

$F = qE + qv \times B$

v は点電荷の速度である。ローレンツ力に関する次の記述のうち、不適切なものはどれか。なお、上式中の太字はベクトル量を表す。また、上式中に現れる "$\times$" はベクトル同士の外積を表す。　　　　（R3－1）

①　空間の電界が0であり、磁界が0でないとき、ローレンツ力 F は電荷の移動方向から磁界ベクトルの方向へ右ねじを回したときに右ねじが進む方向に働く。

②　空間の磁界が0であり、電界が0でないとき、ローレンツ力 F は電界と同じ方向に働く。

③　空間の電界及び磁界が0のとき、力は働かない。

④　電流と磁界の間に働く力は表現できない。

⑤　固定されていない点電荷にローレンツ力が働くと、電荷は運動を開始する。

【解答】　④

【解説】①$E = 0$ なので、$F = qv \times B$ になる。ベクトル同士の外積では、その向きは v と B とを含む面に垂直で、$v \rightarrow B$ と回した場合の右ねじが進む方向になるので、適切な記述である。

②$B = 0$ なので、$F = qE$ になり、F は電界と同じ方向に働く。よって、適切な記述である。

③$E = 0$ で、$B = 0$ なので、$F = 0$ になる。よって、適切な記述である。

④「磁場内に置かれた導線に電流が流れている場合に、左手の人差し指を磁場の方向、中指を電流の方向に向けると、導線には親指の方向に力を受ける。」というフレミングの左手の法則があるとおり、

働く力は表現できるので、不適切な記述である。

　⑤ $v=0$ の状態でローレンツ力が働くというのは $\boldsymbol{F}=q\boldsymbol{E}$ の状態であり、電気力が働くので、電荷は運動を開始する。よって、適切な記述である。

○　図のように、透磁率が μ の真空中において $x{-}y$ 平面に原点を中心とする半径 R の円形回路があり、図中に示す方向に電流 I（$I>0$）が流れている。円の中心Oにおける磁束密度の向きと磁束密度の大きさ B の組合せとして、最も適切なものはどれか。ただし、微小長さの電流 Ids が距離 r だけ離れた点に作る磁束密度の大きさ dB は、以下のビオ・サバールの法則で与えられる。　　　　　　　　　　　　　　　　　　　　　（R2－4）

$$dB = \frac{\mu}{4\pi}\frac{Ids}{r^2}$$

	磁束密度の向き	磁束密度の大きさ B
①	$-z$ 方向	$\dfrac{\mu I}{2R^2}$
②	$+z$ 方向	$\dfrac{\mu I}{2R^2}$
③	$+z$ 方向	$\dfrac{\mu I}{4R^{\frac{3}{2}}}$
④	$+z$ 方向	$\dfrac{\mu I}{2R}$
⑤	$-z$ 方向	$\dfrac{\mu I}{2R}$

【解答】　④

【解説】磁束密度の向きは、右ねじの法則から「$+z$ 方向」である。

　　　磁束密度の大きさは、ビオ・サバールの法則で与えられるが、コイルの全円周で考えると、B は次の式で求められる。

$$B = \int_0^{2\pi R} dB = \frac{\mu I}{4\pi R^2}\int_0^{2\pi R} ds = \frac{\mu I}{4\pi R^2}\Big[s\Big]_0^{2\pi R} = \frac{\mu I}{4\pi R^2}(2\pi R - 0) = \frac{\mu I}{2R}$$

したがって、④が正答である。

なお、平成22年度および平成25年度試験において、類似の問題が出題
されている。

○　図のように、真空中において間隔 d で平行な導線レールが水平に設置
されており、その上に可動導線がレールに接触するように置かれている。
レールには図に示すように抵抗 R と理想定電圧源 V がつながれている。
空間には一様な磁束密度 B が図に示す方向に印加されている。可動導線
を図に示す方向に一定の速度 v（$v > 0$）で動かしたとき可動導線に流れ
る電流を表す式として、最も適切なものはどれか。レール及び可動導線
の電気抵抗及び摩擦は無視できる。また、レール、可動導線、電気回路
は空間の磁束を乱すことはない。　　　　　　　　　　　　　　（R2－5）

①　$\dfrac{V}{R} - vBd$　　②　$\dfrac{V}{R} + vBd$　　③　$\dfrac{V}{R} + vB^2d^2$

④　$\dfrac{V}{R} - \dfrac{vBd}{R}$　　⑤　$\dfrac{V}{R} + \dfrac{vBd}{R}$

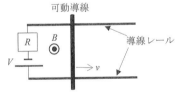

【解答】　④

【解説】この可動導線には、理想定電圧源から電圧がかかっているが、電源の
向きから考えて、図の下から上に向けて、$\dfrac{V}{R}$ の電流が流れている。

　　　一方、この可動導線を図の右方向に速度 v で動かすと、フレミング
の右手の法則に従って、図の上から下に向けて可動導線には電流が流れ
る。その電圧（E）は次の式で表される。

$$E = vBd$$

よって、流れる電流（I）は、$I = \dfrac{vBd}{R}$ である。

これらの電流は逆向きであるので、

可動導線に流れる電流 $= \dfrac{V}{R} - \dfrac{vBd}{R}$ である。

したがって、④が正答である。

○　電磁波に関する次の記述のうち、最も不適切なものはどれか。

(R1再－4)

①　同じ媒質中では周波数が高くなると、電磁波の波長は短くなる。

②　真空中における電磁波の速さは光速に等しい。

③　電磁波の周波数が一定の場合、媒質の誘電率が小さくなると、電磁波の波長は短くなる。

④　電磁波の周波数が一定の場合、媒質の透磁率が大きくなると、電磁波の速さは小さくなる。

⑤　電磁波の周波数が一定の場合、媒質の誘電率が大きくなると、電磁波の速さは小さくなる。

【解答】　③

【解説】電磁波の伝搬速度（c）は、次の式で表される。

$$c = \frac{1}{\sqrt{\mu \varepsilon}} \qquad \mu：透磁率、\varepsilon：誘電率$$

①電磁波の速度は一定で、波長×周波数であるので、周波数が高くなると電磁波の波長は短くなる。よって、適切な記述である。

②電波や光、X線などはすべて電磁波であるので、真空中における電磁波の速さは光速と同じである。よって、適切な記述である。

③上記の式のとおり、媒質の誘電率が小さくなると速度が大きくなる。速度は波長×周波数であるので、周波数が一定であれば電磁波の波長は長くなる。よって、不適切な記述である。

④上記の式のとおり、媒質の透磁率が大きくなると、電磁波の速さは小さくなるので、適切な記述である。

⑤上記の式のとおり、媒質の誘電率が大きくなると、電磁波の速さは小さくなるので、適切な記述である。

なお、平成21年度、平成26年度および平成30年度試験において、類似の問題が出題されている。

○　電磁気現象に関する次の記述のうち、最も不適切なものはどれか。

(R1－2)

①　真空中における電磁波の速度は光速に等しい。

②　電磁波の周波数が高くなるとその波長は短くなる。

③　直流電流が流れている平行導線間に働く力は、電流が同方向に流れている場合は斥力、反対方向に流れている場合は引力となる。

④　電磁波は電界と磁界とが相伴って進行する進行波で横波である。

⑤　磁界に直交する導体に電流が流れるとき、その導体に働く電磁力の方向はフレミングの左手の法則による。

【解答】　③

【解説】電磁波の伝搬速度（c）は、次の式で表される。

$$c = \frac{1}{\sqrt{\mu\varepsilon}} \qquad \mu：透磁率、\varepsilon：誘電率$$

①電波や光、X線などはすべて電磁波であるので、真空中における電磁波の速度は光速と同じである。よって、適切な記述である。

②電磁波の速度は一定で、波長×周波数であるので、周波数が高くなると電磁波の波長は短くなる。よって、適切な記述である。

③2つの平行導線に同方向に直流電流が流れている場合には、導線間の空間中では双方の磁界が打ち消しあうため、導線間には引力が働く。逆に、反対方向の直流電流が流れている場合には、導線間の空間中では磁界が強めあうように働くため、その磁界の強さを弱めようとして、導線間には斥力が働く。よって、選択肢の記述は逆であり、不適切な記述である。

④電磁波は、電界と磁界が同時に広く空間に伝搬する波動で、電気磁気的な横波を形成しているので、適切な記述である。

⑤フレミングの左手の法則は、左手の人差し指を磁界の方向、中指を

電流の向きとしたときに、親指方向に力が働くというものであるの
で、適切な記述である。

なお、平成28年度試験において、同一の問題が出題されている。

○　電磁力に関する次の記述の、　　　　　　に入る語句の組合せとして、最
も適切なものはどれか。　　　　　　　　　　　　　　　　　　　　(R1－5)

　フレミングの　 ア 　の法則は、電流と磁界の間に働く力に関する法
則である。親指が力の向きを、人差し指が 　イ 　を、中指が 　ウ 　
を示す。 　イ 　と 　ウ 　が平行ならば働く力の大きさは 　エ 　と
なる。

	ア	イ	ウ	エ
①	左手	磁界	電流	ゼロ
②	左手	電流	磁界	ゼロ
③	左手	磁界	電流	最大
④	右手	電流	磁界	ゼロ
⑤	右手	磁界	電流	最大

【解答】　①

【解説】フレミングの左手の法則は、電流と磁界の間に働く力を示したもので
あり、フレミングの右手の法則は、磁束の中を移動する導体に発生する
起電力を示した法則であるので、アは「左手」になる。フレミングの左手
の法則では、人差し指が「磁界」（イの答え）、中指が「電流」（ウの答え）
を示す。この場合に働く力（F）は、電流（I）、電流の長さ（l）、磁界の
磁束密度（B）、電流と磁界がなす角度をθとすると、次の式で表される。

$$F = IBl \sin \theta$$

よって、磁界と電流が平行（$\theta = 0°$）のときは、$F = IBl \sin 0° = 0$と
なるので、エは「ゼロ」である。したがって、①が正答である。

なお、平成20年度および平成27年度試験において、同一の問題が出題
されている。

○　電気回路と磁気回路に関する次の記述のうち、最も不適切なものはどれか。　　　　　　　　　　　　　　　　　　　　（R1再－2）

①　電気回路と磁気回路の類似点としては、電気回路におけるオームの法則と磁気回路におけるオームの法則が挙げられる。

②　電気回路で抵抗に電流が流れるときにジュール損失が発生するように、磁気回路では磁気抵抗に磁束が流れるときに損失が発生する。

③　電気回路のキャパシタンスやインダクタンスに相当する素子は磁気回路にはない。

④　磁気回路において磁路を構成する磁性体と周囲の透磁率の差は、電気回路を構成する導体とその周囲の導電率の差に比べると非常に小さいので、空隙がある磁路では相当な磁束の漏れが生じる。

⑤　磁気回路では起磁力と磁束の間にヒステリシスなどの非線形性があるので、電気回路でのオーム法則や重ね合わせの理は厳密には適用することはできない。

【解答】　②

【解説】①透磁率が一定の場合は磁気回路におけるオームの法則が成り立つので、適切な記述である。

　　　　②磁気回路において一定の磁束が流れている場合には熱損失は発生しないので、不適切な記述である。なお、磁束が時間とともに変化する場合には、うず電流損などが発生する。

　　　　③磁気回路には磁気抵抗はあるが、電気回路のキャパシタンスやインダクタンスに相当する素子はないので、適切な記述である。

　　　　④導電率の差（導体と絶縁物の差）は$10^{10} \sim 10^{20}$程度であるが、透磁率の差（強磁性体と非磁性体の差）は10^5を超えることは少なく、導電率の差に比べると非常に小さい。そのため、非磁性体である空気中で磁束の通路を限定することは困難であり、空隙では磁束の漏れが生じる。よって、適切な記述である。

　　　　⑤磁気回路ではヒステリシスや飽和などの非線形性があるため、線形

性を前提とするオームの法則や重ね合わせの理は無条件には適用できない。よって、適切な記述である。

なお、平成26年度試験において、同一の問題が出題されている。

○　磁気に関する次の記述のうち、最も不適切なものはどれか。（H30－1）

①　フレミングの右手の法則とは、右手の人差し指を磁界の向きへ、親指を導体が移動する向きへ指を広げると、中指の方向が誘導起電力の向きとなることである。

②　鉄損は、周波数に比例して発生する渦電流損と、周波数の2乗に比例するヒステリシス損に分けることができる。

③　磁気遮蔽とは、磁界中に中空の強磁性体を置くと、磁束が強磁性体の磁路を進み、中空の部分を通過しない現象を利用したものである。

④　比透磁率が大きいとは、磁気抵抗が小さいことであり、磁束が通りやすいことである。

⑤　電磁誘導によって生じる誘導起電力の向きは、その誘導電流が作る磁束が、もとの磁束の増減を妨げる向きに生じる。

【解答】　②

【解説】①フレミングの右手の法則はこの選択肢文に記述されたとおりであるので、適切な記述である。

②鉄損には渦電流損とヒステリシス損があるが、渦電流損は周波数の2乗に比例し、ヒステリシス損は1秒間のヒステリシスループの回数に比例して電力が熱になるので、周波数に比例する。よって、不適切な記述である。

③磁界中に中空の強磁性体を置くと、表皮効果によって磁界が中に入らないので、磁気の遮蔽ができる。よって、適切な記述である。

④比透磁率は、物体の透磁率と真空の透磁率の比であり、透磁率は磁束変化のしやすさを表す指標である。よって、比透磁率が大きいということは、物体に磁束が通りやすくなるということであるので、適切な記述である。

⑤この選択肢文に記述された内容はレンツの法則であるので、適切な記述である。

なお、平成21年度試験において、同一の問題が出題されている。

○　電磁気現象に関する次の記述のうち、最も不適切なものはどれか。

(H29 – 1)

①　電流による磁束は連続であり、磁束に始点や終点はない。

②　磁界に直交する導体に電流が流れるとき、その導体に働く電磁力の方向はフレミングの左手の法則による。

③　電磁誘導によって生じる誘導起電力の向きは、その誘導電流が作る磁束が、もとの磁束の増減を妨げる向きに生じる。

④　電磁波は、電界と磁界とが相伴って進行する進行波で横波である。

⑤　媒質の誘電率が大きくなると、電磁波の速度は大きくなる。

【解答】　⑤

【解説】①電流が作る磁束は、電流を中心とする同心円となり、始点も終点もない閉曲線であるので、適切な記述である。

②フレミングの左手の法則は、左手の人差し指を磁界の方向、中指を電流の向きとしたときに、親指方向に力が働くというものであるので、適切な記述である。

③この選択肢文に記述された内容はレンツの法則であるので、適切な記述である。

④電磁波は、電界と磁界が同時に広く空間に伝搬する波動で、電界と磁界の向きは進行方向に垂直であるので横波である。よって、適切な記述である。

⑤誘電率をε、透磁率をμとすると、電磁波の伝搬速度は$\sqrt{\varepsilon\mu}$に反比例する。よって、媒質の誘電率が大きくなると、電磁波の速度は小さくなるので、不適切な記述である。

○　環状の鉄心に巻数4000回のコイルAと巻数500回のコイルBがとりつ
けてある。コイルAの自己インダクタンスが400 mHのとき、AとB両
コイルの相互インダクタンスとして、最も近い値はどれか。（R1再－3）
ただし、コイルAとコイルB間の結合係数は0.96とする。

①　44 mH　　②　46 mH　　③　48 mH　　④　50 mH　　⑤　52 mH

【解答】　③

【解説】磁気抵抗をRとすると、次の式が成り立つ。

$$自己インダクタンス = \frac{(巻数)^2}{R}$$

であり、コイルAの自己インダクタンスが400［mH］＝0.4［H］である
ので、次の式が成り立つ。

$$0.4 = \frac{4000^2}{R} = \frac{16 \times 10^6}{R}$$
$$R = 4 \times 10^7$$

また、相互インダクタンスは、$\dfrac{(Aの巻数) \times (Bの巻数) \times (結合係数)}{R}$
であるので、次の式で求められる。

$$相互インダクタンス = \frac{4000 \times 500 \times 0.96}{4 \times 10^7} = 48 \times 10^{-3}　［H］$$
$$= 48　［mH］$$

したがって、③が正答である。

なお、平成29年度試験において、類似の問題が出題されている。

○ 下図の直線状の無限長導線上に異なる点Oと点Qがあり、導線 ℓ 上を流れる電流を I [A] とする。OQの長さを z [m] とし、OPの長さを a [m] としたとき、点Pに生ずる磁界の強さ H [A/m] を表す式として、最も適切なものはどれか。 (H29-3)

① $H = \dfrac{I}{2\pi a}$

② $H = \dfrac{I}{2a}$

③ $H = \dfrac{I}{2\pi\sqrt{a^2 + z^2}}$

④ $H = \dfrac{a^2 I}{\left(a^2 + z^2\right)^{3/2}}$

⑤ $H = \dfrac{a^2 I}{2\left(a^2 + z^2\right)^{3/2}}$

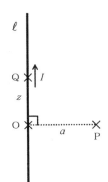

【解答】 ①

【解説】電流が作る磁束密度はビオ・サバールの法則に従うので、次の式で求められる。

なお、下図に示すように、PQの長さを r、PQが ℓ となす角度を θ とする。

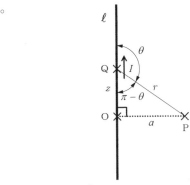

$$B = \int_{z=-\infty}^{z=+\infty} \frac{\mu_0}{4\pi} \frac{I}{r^2} \sin\theta \, dz \quad \cdots\cdots (1)$$

$a = r\sin(\pi - \theta) = r\sin\theta$ $\qquad$ $z = r\cos(\pi - \theta) = -r\cos\theta$ $\quad$ より、

$$r = \frac{a}{\sin\theta}$$

$$z = -\frac{a}{\sin\theta}\cos\theta = -a\frac{1}{\tan\theta}$$

$$\frac{dz}{d\theta} = a\frac{1}{\sin^2\theta}$$

$$dz = \frac{a}{\sin^2\theta}d\theta$$

上記 r と dz を式（1）に代入すると、

$$B = \int_{\theta=0}^{\theta=\pi}\frac{\mu_0}{4\pi}I\frac{\sin^2\theta}{a^2}\sin\theta\frac{a}{\sin^2\theta}d\theta$$

$$= \int_{\theta=0}^{\theta=\pi}\frac{\mu_0}{4\pi}\frac{I}{a}\sin\theta d\theta = \frac{\mu_0 I}{4\pi a}\left[-\cos\theta\right]_0^\pi = \frac{\mu_0 I}{4\pi a}(1+1) = \frac{\mu_0 I}{2\pi a}$$

$$H = \frac{B}{\mu_0} = \frac{I}{2\pi a}$$

したがって、①が正答である。

なお、平成20年度試験において同一の問題が出題されている。

○　半径 a [m]、巻数 N の円形コイルに直流電流 I [A] が流れている。電線の太さは無視できる。このとき、円形の中心点における磁界 H [A／m] を表す式として、最も適切なものはどれか。

　ただし、微小長さの電流 Idl が距離 r だけ離れた点に作る磁界 dH は、電流の方向とその点の方向とのなす角を θ とすると、次のビオ・サバールの法則で与えられる。 (H30－2)

$$dH = \frac{1}{4\pi}\frac{Idl}{r^2}\sin\theta$$

① NI 　② $\dfrac{NI}{2a}$ 　③ $\dfrac{NI}{2\pi a}$ 　④ $\dfrac{aNI}{2}$ 　⑤ $\dfrac{I}{2\pi Na}$

【解答】　②

【解説】円形の中心点における磁界は、ビオ・サバールの法則を使って、次ページの式で求められる。なお、この問題では、巻数は N で、円形の中心点における磁界を求めるので、

$$r = a \quad \Rightarrow \quad \sin\theta = \frac{a}{r} = \frac{a}{a} = 1 \ \text{となる。}$$

$$H = N\int_0^{2\pi a} \frac{I}{4\pi a^2}\,dl = \frac{NI}{4\pi a^2}(2\pi a - 0) = \frac{NI}{2a}$$

したがって、②が正答である。

なお、平成28年度試験において、同一の問題が出題されている。

○　下図のように、間隔 d で配置された無限に長い平行導線 l_1 と l_2 に沿って、電流 $3I$ と $2I$ がそれぞれ逆方向に流れている。導線 l_2 から鉛直方向に距離 a 離れた点 P における磁界の強さ H が零であるとき、a と d の関係を表す式として、最も適切なものはどれか。

　　ただし、平行導線 l_1、l_2 と点 P は、同一平面上にあるものとする。

(H28-4)

① $a = \dfrac{d}{3}$

② $a = \dfrac{d}{2}$

③ $a = d$

④ $a = 2d$

⑤ $a = \dfrac{2d}{3}$

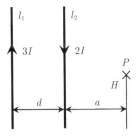

【解答】　④

【解説】　逆方向に流れる2つの電流によって発生する磁界の強さが点 P において0となるので、次の式が成り立つ。

$$\frac{3I}{a+d} = \frac{2I}{a}$$
$$3a = 2a + 2d$$
$$a = 2d$$

したがって、④が正答である。

なお、平成26年度試験において、同一の問題が出題されている。

○　リニアモーターは高速鉄道への利用が脚光を浴びており、超電導磁気浮上式鉄道ではリニア同期モーターが使用されている。この方式の車両が対地速度500［km/h］一定で走行しているときの電源供給周波数 f［Hz］として、最も近い値はどれか。　　　　　　（R2－17）

ただし、車両の重量を20,000［kg］、極ピッチを1.39［m］、線路登り勾配は4％とする。

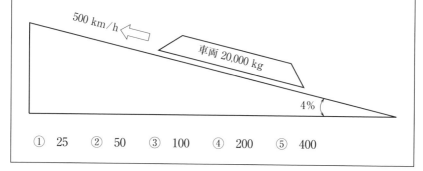

① 25　　② 50　　③ 100　　④ 200　　⑤ 400

【解答】　②

【解説】移動磁界の速度 V［m/s］は、極ピッチ τ［m］と周波数 f［Hz］から次の式で求められる。

$$V = 2\tau f$$

対地速度［m/h］$= 60 \times 60V = 3600 \times 2\tau f = 500 \times 1000$

$36 \times 2 \times 1.39 f = 5000$

$f \fallingdotseq 50.0$［Hz］

したがって、②が正答である。

6. 電界・コンデンサ

○ 真空中で、下図のように x 軸上原点に電荷量 $+2Q$ [C]、原点から R （>0）[m] 離れた位置に $-Q$ [C] の点電荷が置かれている。図のように x 軸上かつ有限の範囲内で電界の大きさがゼロとなる位置 a [m] （$a>R$）として、最も適切なものはどれか。ただし、真空中の誘電率は ε_0 [F/m] とする。 (R4−1)

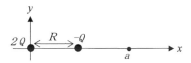

① $2R$　② $\sqrt{2}R$　③ $1+\dfrac{1}{2}R$　④ $\left(\sqrt{2}-1\right)R$　⑤ $\left(2+\sqrt{2}\right)R$

【解答】　⑤

【解説】位置 a において、$+2Q$ の電界の強さを E_1 とし、$-Q$ の電界の強さを E_2 とすると、それぞれ次の式で表される。

$$E_1 = \frac{2Q}{4\pi\varepsilon_0 a^2}$$

$$E_2 = \frac{-Q}{4\pi\varepsilon_0 (a-R)^2}$$

位置 a で電界の大きさがゼロであるので、次の式が成り立つ。

$$E_1 + E_2 = 0$$

$$\frac{2Q}{4\pi\varepsilon_0 a^2} + \frac{-Q}{4\pi\varepsilon_0 (a-R)^2} = 0$$

$$\frac{2}{a^2} - \frac{1}{(a-R)^2} = 0$$

$$2(a-R)^2 = a^2$$

$a > R$ より、

$$\sqrt{2}a - \sqrt{2}R = a$$

$$\left(\sqrt{2} - 1\right)a = \sqrt{2}R$$

$$a = \frac{\sqrt{2}R}{\sqrt{2} - 1} = \frac{\sqrt{2}\left(\sqrt{2} + 1\right)R}{2 - 1} = \left(2 + \sqrt{2}\right)R$$

したがって、⑤が正答である。

なお、平成27年度試験において、類似の問題が出題されている。

○　電磁気に関する次の記述の、 \boxed{} に入る数式の組合せとして、適切なものはどれか。 (R3-2)

真空中で、下図に示すような、ACの長さが a [m]、BCの長さが$2a$ [m] で、AB⊥ACの三角形の頂点Cに＋Q [C]（$Q > 0$）の点電荷をおいた。さらに頂点Bにある電荷量Q_B [C]の点電荷をおいたところ、点Aでの電界E_Aは図中に示す矢印の向き（BCと並行の向き）となった。このとき、Q_Bは \boxed{\quad ア \quad} [C]、E_Aの大きさは \boxed{\quad イ \quad} [V/m] となった。ただし、真空中の誘電率はε_0 [F/m] とする。

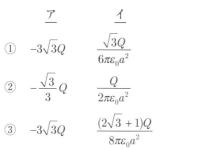

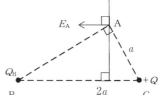

	ア	イ
①	$-3\sqrt{3}Q$	$\dfrac{\sqrt{3}Q}{6\pi\varepsilon_0 a^2}$
②	$-\dfrac{\sqrt{3}}{3}Q$	$\dfrac{Q}{2\pi\varepsilon_0 a^2}$
③	$-3\sqrt{3}Q$	$\dfrac{(2\sqrt{3}+1)Q}{8\pi\varepsilon_0 a^2}$
④	$-3\sqrt{3}Q$	$\dfrac{Q}{2\pi\varepsilon_0 a^2}$
⑤	$-\dfrac{\sqrt{3}}{3}Q$	$\dfrac{\sqrt{3}Q}{6\pi\varepsilon_0 a^2}$

【解答】　④

【解説】　点Aの電界は、点Aにおいた＋1 [C] の電荷に及ぼす力を計算すればよい。下図に示すように、ABは$\sqrt{3}a$であるので、C点における＋Qに

よる電界 E_C と Q_B による電界 E_B は次の式で表せる。

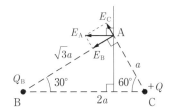

$$E_C = \frac{Q}{4\pi\varepsilon_0 a^2} \qquad (斥力)$$

$$E_B = \frac{Q_B}{4\pi\varepsilon_0 \left(\sqrt{3}a\right)^2} = \frac{Q_B}{12\pi\varepsilon_0 a^2} \qquad (引力)$$

また、$E_B = \sqrt{3}E_C$ であるので、次の式が成り立つ。

$$\frac{Q_B}{12\pi\varepsilon_0 a^2} = \frac{\sqrt{3}Q}{4\pi\varepsilon_0 a^2}$$

$$Q_B = 3\sqrt{3}Q \qquad \cdots\cdots (アの答え)$$

E_B は引力になっているので、Q_B の符号は負である。

よって、$Q_B = -3\sqrt{3}Q$ である。

また、$E_A = 2E_C = \dfrac{2Q}{4\pi\varepsilon_0 a^2} = \dfrac{Q}{2\pi\varepsilon_0 a^2} \qquad \cdots\cdots (イの答え)$

したがって、④が正答である。

なお、平成30年度試験において、類似の問題が出題されている。

○　下図のように真空中に2個の点電荷 q_1（-4×10^{-10}C）、q_2（2×10^{-10}C）が1m離れて置かれている。q_1、q_2 を結ぶ線上の中点Oから垂直方向0.5mの点を点Pとする。無限遠点を基準とした点Pの電位として、最も近い値はどれか。ただし、真空の誘電率 ε_0 は、8.854×10^{-12} F/m とする。

(R3 − 3)

① 　-2.54 V

② 　-5.09 V

③ 　2.54 V

④ 　5.09 V

⑤ 　7.63 V

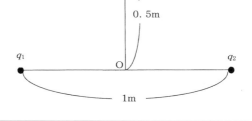

【解答】　①

【解説】　下図のように $\mathrm{P}q_1 = \mathrm{P}q_2 = \dfrac{\sqrt{2}}{2}$ ［m］であるので、電位 V は、次の式で求められる。

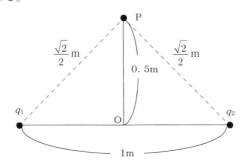

$$V = \frac{1}{4\pi\varepsilon_0}\left(\frac{q_1}{\dfrac{\sqrt{2}}{2}} + \frac{q_2}{\dfrac{\sqrt{2}}{2}}\right) = \frac{1}{4\pi\varepsilon_0}\left(\sqrt{2}q_1 + \sqrt{2}q_2\right)$$

$$= \frac{\sqrt{2}}{4\pi \times 8.854 \times 10^{-12}} \times (-4 \times 10^{-10} + 2 \times 10^{-10})$$

$$= \frac{\sqrt{2}}{4\pi \times 8.854 \times 10^{-12}} \times (-2 \times 10^{-10})$$

$$= \frac{-\sqrt{2} \times 100}{2\pi \times 8.854} \fallingdotseq -2.54 \quad [\text{V}]$$

したがって、①が正答である。

なお、令和元年度再試験において、類似の問題が出題されている。

○　下図のように、真空中に置かれた半径 a [m] の無限に長い円筒表面に、単位長さ当たり λ [C/m] で一様に電荷が分布している。次のうち円筒内外に生じる電界 E [V/m] を表す式の組合せとして、適切なものはどれか。ただし、真空の誘電率を ε_0 [F/m] とする。　　　(R3 - 4)

	円筒内	円筒外
①	$E = \dfrac{\lambda}{2\pi\varepsilon_0 r}$	$E = \dfrac{\lambda r}{2\pi\varepsilon_0 a^2}$
②	$E = 0$	$E = \dfrac{\lambda r}{2\pi\varepsilon_0 a^2}$
③	$E = 0$	$E = \dfrac{\lambda}{2\pi\varepsilon_0 r}$
④	$E = \dfrac{\lambda}{2\pi\varepsilon_0 a}$	$E = \dfrac{\lambda}{2\pi\varepsilon_0 r}$
⑤	$E = \dfrac{\lambda r}{2\pi\varepsilon_0 a^2}$	$E = \dfrac{\lambda}{2\pi\varepsilon_0 r}$

【解答】　③

【解説】　電荷が円筒表面に分布している場合には、円筒内の電荷は $Q = 0$ であるため、電界は $E = 0$ となる（円筒内の電界）。

円筒外 $(r > a)$ では、単位長さ当たり λ [C/m] の電荷があるので、ガウスの定理により単位長さ当たり $\dfrac{\lambda}{\varepsilon_0}$ の電気力線がある。そのため、中心軸から r の距離の点の電気力線密度は $\dfrac{\lambda}{2\pi r \varepsilon_0}$ になる。

このことから、中心軸から r の距離の点の電界は次のようになる。

$$E = \frac{\lambda}{2\pi\varepsilon_0 r} \qquad \text{（円筒外の電界）}$$

したがって、③が正答である。

なお、平成29年度試験において、類似の問題が出題されている。

○　真空中で、図に示すような辺ABの長さが a [m]、∠ACBの角度が30°の直角三角形があり、各頂点A、B、Cにそれぞれ $+Q$ [C]、$-Q$ [C]、$+3Q$ [C] の点電荷をおき、さらに、辺BCに垂直で、点Cから a [m] 離れた点Dに、電荷量 Q_D の点電荷を置いたところ、ABCDからなる長方形の重心位置 G の電位が0 Vとなった。次の記述の、□□に入る数式の組合せとして、最も適切なものはどれか。ただし、$Q > 0$ であり、真空中の誘電率は ε_0 [F／m] とする。

Q_D は ア [C] であり、点 G における電界 E_G の大きさは イ [V／m] となり、E_G の向きは、ウ と同じ向きとなる。

(R1－3)

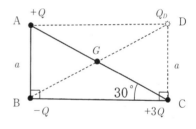

	ア	イ	ウ
①	Q	$\dfrac{Q}{3\pi\varepsilon_0 a^2}$	$\overrightarrow{AB}$
②	$-3Q$	$\dfrac{3Q}{4\pi\varepsilon_0 a^2}$	$\overrightarrow{AB}$
③	$+3Q$	$\dfrac{3Q}{4\pi\varepsilon_0 a^2}$	$\overrightarrow{BC}$
④	$-3Q$	$\dfrac{Q}{2\pi\varepsilon_0 a^2}$	$\overrightarrow{BA}$
⑤	$+3Q$	$\dfrac{Q}{2\pi\varepsilon_0 a^2}$	$\overrightarrow{BA}$

【解答】　④

【解説】　AG＝BG＝CG＝DG＝a であるので、複数の点電荷による G の電位はそれぞれの点電荷からの距離を使って次の式で求められる。

$$V = \frac{Q}{4\pi\varepsilon_0}\left(\frac{Q}{a} - \frac{Q}{a} + \frac{3Q}{a} + \frac{Q_D}{a} \right) = 0$$

$3Q + Q_D = 0$

$Q_D = -3Q$ ……（アの答え）

AG＝BG＝CG＝DG＝a であるので、点 G の電界を求めるには、点 G

に単位電荷（＋1［C］）を置いたとして、これに働く力を考えるとよい。電荷が Q［C］と1［C］の場合には、電界の大きさは次の式のようになる。

$$E = \frac{Q}{4\pi\varepsilon_0 a^2}$$

A、B、C、D点の電荷による点 G の電界を示すと下図のようになる。

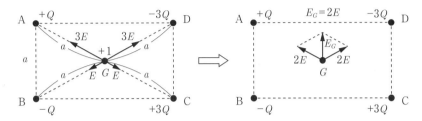

図に示すとおり、電界の大きさは次のようになる。

$$E_G = 2E = \frac{Q}{2\pi\varepsilon_0 a^2} \quad \cdots\cdots （イの答え）$$

また、その向きは「$\overrightarrow{\text{BA}}$」（ウの答え）と同じになる。

したがって、④が正答である。

○　下図のように、正電荷 q をもつ点電荷3個を同一平面上で一辺が a の正三角形をなすように置き、正三角形の重心に負電荷 $-Q$ をもつ点電荷を設置する。正三角形の頂点に置かれた点電荷に力が働かないようにするための Q として、最も適切なものはどれか。　　　　　（R1－4）

① $\dfrac{\sqrt{3}}{3a} q$

② $\dfrac{\sqrt{3}}{3} q$

③ $\dfrac{\sqrt{3}}{3} a$

④ $\sqrt{3} q$

⑤ $\sqrt{3} a$

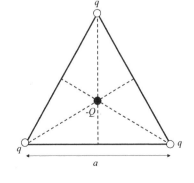

【解答】　②

【解説】　クーロンの法則により、電荷（Q_1、Q_2）間に働く力は、それらの距離をrとすると、次の式で表される。

$$F = \frac{Q_1 Q_2}{r^2}$$

下図のように、各頂点をA、B、C、重心をGとおいて、点Cにおける電荷qに働く力関係を表す。

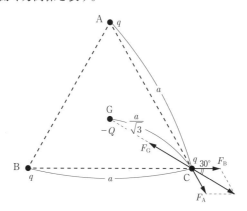

図より、次の式が成り立つ。

$$F_G = F_B \cos 30° + F_A \cos 30° = \frac{\sqrt{3}}{2} F_B + \frac{\sqrt{3}}{2} F_A$$

$$\frac{qQ}{\frac{a^2}{\left(\sqrt{3}\right)^2}} = \frac{\sqrt{3}qq}{2a^2} + \frac{\sqrt{3}qq}{2a^2}$$

$$\frac{3Qq}{a^2} = \frac{\sqrt{3}q^2}{a^2}$$

$$3Q = \sqrt{3}q$$

$$Q = \frac{\sqrt{3}}{3} q$$

したがって、②が正答である。

○　下図のように、比誘電率ε_1の誘電体をつめたコンデンサ1を電圧V_1に充電し、比誘電率ε_2の誘電体をつめた同形・同大のコンデンサ2を並列に接続したところ、電圧がV_2になった。比誘電率の比$\varepsilon_1 / \varepsilon_2$を表す式として、最も適切なものはどれか。ただし、コンデンサ2の初期電荷は0

とする。　　　　　　　　　　　　　　　　　　　　　　　　　　(R2-3)

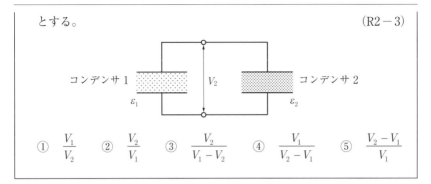

① $\dfrac{V_1}{V_2}$　　② $\dfrac{V_2}{V_1}$　　③ $\dfrac{V_2}{V_1 - V_2}$　　④ $\dfrac{V_1}{V_2 - V_1}$　　⑤ $\dfrac{V_2 - V_1}{V_1}$

【解答】　③

【解説】最初に静電容量 C のコンデンサ1に蓄えられる電荷を Q とすると、次の式が成り立つ。

$$Q = \varepsilon_1 C V_1$$

　　次に同じ静電容量 C のコンデンサ2を並列に接続したときは次の式が成り立つ。

$$Q = \varepsilon_1 C V_2 + \varepsilon_2 C V_2$$

　　上記2式より次の関係が成り立つ。

$$\varepsilon_1 C V_1 = \varepsilon_1 C V_2 + \varepsilon_2 C V_2$$

$$\varepsilon_1 V_1 = \varepsilon_1 V_2 + \varepsilon_2 V_2$$

$$\varepsilon_1 V_1 - \varepsilon_1 V_2 = \varepsilon_2 V_2$$

$$\varepsilon_1 (V_1 - V_2) = \varepsilon_2 V_2$$

$$\frac{\varepsilon_1}{\varepsilon_2} = \frac{V_2}{V_1 - V_2}$$

　　したがって、③が正答である。

○　真空中に静電容量（キャパシタンス）が C のコンデンサ（キャパシタ）が2つある。極板は十分広く、端効果は無視できるものとする。コンデンサは下図（左側）のように並列に接続されて予め充電されており、その電圧は V である。この状態で、下図（右側）のように片側のコンデンサの極板間に、比誘電率が3の誘電体をゆっくりと挿入し、極板間を誘電体で完全に満たした。誘電体挿入後に2つのコンデンサに蓄えられている

エネルギーの合計を表す式として、最も適切なものはどれか。(R1－1)

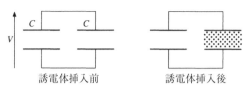

誘電体挿入前　　　　　　　誘電体挿入後

① $\dfrac{2}{3}CV^2$　　② $\dfrac{1}{3}CV$　　③ CV^2　　④ $2CV$　　⑤ $\dfrac{1}{2}CV^2$

【解答】　⑤

【解説】充電されたコンデンサに蓄えられている電荷（Q）は次のようになる。

$$Q = 2CV$$

比誘電率が3の誘電体を片側のコンデンサの極板間に挿入した後の電圧を V_1 [V] とすると、次の式が成り立つ。

$$CV_1 + 3CV_1 = Q$$
$$4CV_1 = 2CV$$
$$V_1 = \frac{1}{2}V$$

よって、全静電エネルギー（E）は次のようになる。

$$E = \frac{1}{2} \times 4CV_1^2 = 2CV_1^2 = 2C \times \left(\frac{1}{2}V\right)^2 = \frac{2}{4}CV^2 = \frac{1}{2}CV^2 \ \text{[J]}$$

したがって、⑤が正答である。

なお、平成19年度および平成26年度試験において、類似の問題が出題されている。

○　下図のように比誘電率 $\varepsilon_r = 3$ の誘電体で満たされた平行平板のコンデンサがある。電極間距離は d [m] である。電極間には直流電圧 V_0 [V] が印加されている。平行平板電極と同じ形状で同じ面積を持ち、厚さが $\dfrac{d}{5}$ [m] の帯電していない導体を図に示す位置に平行平板電極と平行に挿入したとき、この導体の電位 [V] として、最も適切なものはどれか。ただし、コンデンサの端効果は無視できるものとする。　　　　（R1再－1）

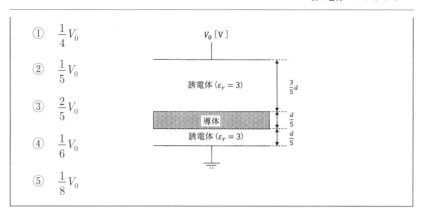

①　$\dfrac{1}{4}V_0$

②　$\dfrac{1}{5}V_0$

③　$\dfrac{2}{5}V_0$

④　$\dfrac{1}{6}V_0$

⑤　$\dfrac{1}{8}V_0$

【解答】　①

【解説】導体を挟んだ場合には回路は次のように見なすことができる。

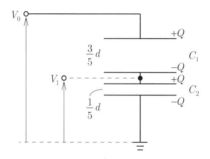

　静電容量は、電極面積（S）と誘電率（ε）に比例し、電極間距離（d）に反比例するので、式で表すと次のようになる。

$$C = \varepsilon \dfrac{S}{d}$$

　元の状態の静電容量を C とすると、C_1 は電極間距離が $\dfrac{3}{5}$、C_2 は電極間距離が $\dfrac{1}{5}$ になっているので、静電容量は次のようになる。

$$C_1 = \dfrac{5}{3}C$$

$$C_2 = 5C$$

電荷（Q）は $Q = CV$ であるので、次の式が成り立つ。

$$Q = CV_0 = \frac{5}{3}C(V_0 - V_1) = 5C(V_1 - 0)$$

$$V_0 - V_1 = 3V_1$$

$$4V_1 = V_0$$

$$V_1 = \frac{1}{4}V_0$$

したがって、①が正答である。

○　下図のように真空中に設置されたコンデンサの平行板A、B間に電圧

Vを加える。スイッチSを開放したとき、板Aに加わる単位面積当たり

の引力について、最も適切なものはどれか。ただし、真空中の誘電率は

ε_0であるとする。
(H30−5)

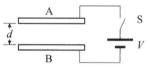

①　$\dfrac{V^2}{2\varepsilon_0 d^2}$　②　$\dfrac{\varepsilon_0 V^2}{2d^2}$　③　$\dfrac{\varepsilon_0 d^2}{2V^2}$　④　$\dfrac{\varepsilon_0 V^2}{d^2}$　⑤　$\dfrac{\varepsilon_0 d^2}{V^2}$

【解答】　②

【解説】このコンデンサの単位面積当たりの静電容量Cは、真空の誘電率をε_0

とすると、次のようになる。

$$C = \frac{\varepsilon_0}{d}$$

このときに平板電極の単位面積に蓄えられているエネルギー（W）は

次のようになる。

$$W = \frac{CV^2}{2} = \frac{\varepsilon_0 V^2}{2d}$$

このときの単位面積当たりの静電吸引力（F）は次の式で表される。

$$F = \frac{W}{d} = \frac{\varepsilon_0 V^2}{2d^2}$$

したがって、②が正答である。

なお、平成24年度試験において、類似の問題が出題されている。

○ 地中電線路に用いられる単心ケーブルの 1 m 当たりの対地静電容量 [F/m] として、最も適切なものはどれか。単心ケーブルは同心円筒構造とし、内側導体の半径は a [m]、外側シース導体半径は b [m] である。ただし、内側導体と外側シース導体との間は比誘電率 ε_S の誘電体でつめられているものとし、真空の誘電率は ε_0 とする。　　　(R4-2)

① $\dfrac{2\pi\varepsilon_S\varepsilon_0}{\log_e \dfrac{a}{b}}$　　② $\dfrac{\log_e \dfrac{a}{b}}{2\pi\varepsilon_S\varepsilon_0}$　　③ $\dfrac{\log_e \dfrac{b}{a}}{2\pi\varepsilon_S\varepsilon_0}$

④ $\dfrac{2\pi\varepsilon_S\varepsilon_0}{\log_e \dfrac{b}{a}}$　　⑤ $2\pi\varepsilon_S\varepsilon_0 \log_e ab$

【解答】　④

【解説】　ケーブルの導体に単位長さ当たり Q の電荷が与えられたとすると、ケーブルの中心から x 離れた場所での電界の強さは、次の式のようになる。

$$E = \frac{Q}{2\pi x \varepsilon_S \varepsilon_0}$$

絶縁物全体にかかる電圧 V は、次の式になる。

$$V = \int_a^b E dx = \frac{Q}{2\pi\varepsilon_S\varepsilon_0}\int_a^b \frac{1}{x}dx = \frac{Q}{2\pi\varepsilon_S\varepsilon_0}\Big[\log_e x\Big]_a^b$$

$$= \frac{Q}{2\pi\varepsilon_S\varepsilon_0}(\log_e b - \log_e a) = \frac{Q}{2\pi\varepsilon_S\varepsilon_0}\log_e \frac{b}{a}$$

一方、$Q = CV$ より、$C = \dfrac{Q}{V}$

$$C = \frac{2\pi\varepsilon_S\varepsilon_0}{\log_e \dfrac{b}{a}}$$

したがって、④が正答である。

○　図は2個の同心球の導体である。導体1に電荷 Q が与えられ、導体2の電荷がゼロであるとき、導体1の電位として、最も適切なものはどれか。ただし、球内外の誘電率は ε_0 とする。　　　　　　　　　　(R2－1)

① $\dfrac{Q}{4\pi\varepsilon_0}\left(\dfrac{1}{a^2}+\dfrac{1}{b^2}+\dfrac{1}{c^2}\right)$

② $\dfrac{Q}{4\pi\varepsilon_0}\left(\dfrac{1}{a^2}-\dfrac{1}{b^2}+\dfrac{1}{c^2}\right)$

③ $\dfrac{Q}{4\pi\varepsilon_0}\left(\dfrac{1}{a}+\dfrac{1}{b}+\dfrac{1}{c}\right)$

④ $\dfrac{Q}{4\pi\varepsilon_0}\left(\dfrac{1}{a}-\dfrac{1}{b}+\dfrac{1}{c}\right)$

⑤ $\dfrac{Q}{4\pi\varepsilon_0 a}$

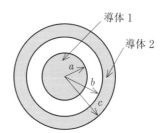

【解答】　④

【解説】導体1の電荷 $+Q$ は、その表面に一様に分布する。この場合に、導体2の内側表面には、電荷 $-Q$ が一様に分布すると同時に、導体2の外側表面には、電荷 $+Q$ が一様に分布する。

　　　r の距離にある電界 E は次の式になる。

$$E = \frac{Q}{4\pi\varepsilon_0 r^2} \quad [\mathrm{V/m}]$$

以上より、導体1の電位は次のようになる。

$$V = \int_c^\infty \frac{Q}{4\pi\varepsilon_0 r^2}\,dr + \int_a^b \frac{Q}{4\pi\varepsilon_0 r^2}\,dr = -\frac{Q}{4\pi\varepsilon_0}\left[\frac{1}{r}\right]_c^\infty - \frac{Q}{4\pi\varepsilon_0}\left[\frac{1}{r}\right]_a^b$$

$$= -\frac{Q}{4\pi\varepsilon_0}\left(0-\frac{1}{c}\right) - \frac{Q}{4\pi\varepsilon_0}\left(\frac{1}{b}-\frac{1}{a}\right) = \frac{Q}{4\pi\varepsilon_0}\left(\frac{1}{a}-\frac{1}{b}+\frac{1}{c}\right)$$

したがって、④が正答である。

7. 回 転 機

○ 回転機に関する次の記述のうち、不適切なものはどれか。 （R3－17）

① 誘導機及び同期機の同期回転速度は、周波数と磁極数のみで定まる。

② 巻線形誘導機の二次励磁制御では、誘導機の二次側にすべり周波数の電圧を加えて速度制御を行う。

③ 発電機と電動機は運転状態により区別されるもので、その構造に基本的な差はない。

④ 界磁巻線を有する同期機には、回転子の磁極形状により、突極機と非突極機がある。発電機においては、前者が高速機に、後者が比較的低速機に使用される。

⑤ かご形誘導機のベクトル制御では、磁束を発生させる電流とトルクを発生させる電流を独立に制御できる。

【解答】 ④

【解説】①同期回転速度は、周波数を f[Hz]、磁極数を P とすると、$120f/P$ で求められるので、周波数と磁極数のみで定まる。よって、適切な記述である。

②二次励磁制御は、一次電圧と一次周波数を一定にし、誘導機の二次側にすべり電力の電圧と周波数を加えて速度制御を行う方式であるので、適切な記述である。

③発電機と電動機の構造上には差はないので、適切な記述である。

④突極機は個々の磁極が突き出ているため、水車発電などの低速機に用いられ、非突極機がタービン発電機などの高速機に使用されているので、不適切な記述である。

⑤ベクトル制御は、一次巻線に流れる電流を、主磁束を形成する成分（励磁電流）とそれに直交してトルクを発生する成分（トルク電流）に分け、それぞれを独立に制御する方法であるので、適切な記述である。

なお、平成22年度試験において、類似の問題が出題されている。

○　直流機に関する次の記述の、□□□□に入る語句の組合せとして、最も適切なものはどれか。　　　　　　　　　　　　　　　　　　（R2－16）

直流電動機は磁界を発生する　ア　とトルクを受け持つ　イ　で構成されている。直流発電機の発電原理は　ウ　を利用しており、直流電動機は　エ　と電流による　オ　を利用している。

	ア	イ	ウ	エ	オ
①	界磁	電機子	運動起電力	電束	起磁力
②	界磁	電機子	運動起電力	磁束	電磁力
③	電機子	界磁	電磁力	電束	運動起電力
④	電機子	界磁	運動起電力	磁束	電磁力
⑤	電機子	界磁	電磁力	磁束	起磁力

【解答】　②

【解説】直流電動機は、外部に設けられ磁界を作る「界磁」（アの答え）と、トルクを発生させる「電機子」（イの答え）で構成されている。直流発電機は、外部から加えられる機械動力による回転運動を使って電力を発生させるので、「運動起電力」（ウの答え）を利用している。また、直流電動機は、直流電力により供給される電流と、外部に設けられた磁界による「磁束」（エの答え）を使って、フレミングの左手の法則に従って力が発生することを利用したものである。よって、オは「電磁力」となる。

したがって、界磁－電機子－運動起電力－磁束－電磁力となるので、②が正答である。

なお、平成29年度試験において、同一の問題が出題されている。

○ 図に示すような3相同期モーターで駆動するベルトコンベアーにおいて、ベルトの進行速度がv [m/s] 一定である場合、モーターへ供給される電源周波数f [Hz] として、最も適切なものはどれか。　　(R1再－16)

ただし、ベルトの厚みは無視することとし、駆動輪とベルトの間には滑りがなく、駆動輪とモーターは直結されており駆動輪の半径をr [m] とし、同期モーターの極数をp、円周率をπとする。

① $f = \dfrac{p}{4\pi rv}$

② $f = \dfrac{vp}{4\pi r}$

③ $f = \dfrac{2\pi r}{vp}$

④ $f = \dfrac{p}{2\pi rv}$

⑤ $f = \dfrac{vp}{2\pi r}$

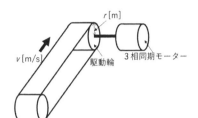

【解答】　②

【解説】同期モーターの回転速度N [min^{-1}] は、次のようになる。

$$N = \frac{120f}{p} \ [\mathrm{min}^{-1}] = \frac{2f}{p} \ [\mathrm{sec}^{-1}]$$

駆動輪の外周の移動速度は円周 $(2\pi r)$ をかければ求められる。それがベルトの進行速度v [m/s] となる。

よって、 $v = 2\pi rN = \dfrac{4\pi rf}{p}$

$f = \dfrac{vp}{4\pi r}$

したがって、②が正答である。

○　極数は6で定格周波数は、50［Hz］の三相巻線型誘導電動機がある。全負荷時のすべりは2［%］である。全負荷における軸出力のトルクを、回転速度970［min^{-1}］で発生させるために、二次巻線回路に抵抗を挿入する。このとき、1相当たりに挿入する抵抗に最も近い値はどれか。ただし、二次巻線の各相の抵抗値は0.2［Ω］とする。　　　　　　（H29－15）

① 0.1［Ω］　　② 0.2［Ω］　　③ 0.3［Ω］

④ 0.4［Ω］　　⑤ 0.5［Ω］

【解答】　①

【解説】この三相巻線型誘導電動機の回転数は次の式で求められる。

$$\frac{120 \times 周波数 \times (1 - すべり)}{極数} = \frac{120 \times 50 \times (1 - 0.02)}{6} = 980$$

すべりと二次巻線抵抗には比例推移という特性があり、次の式の関係が成り立つ。

$$\frac{R_1}{s_1} = \frac{R_2}{s_2}$$

回転速度が970［min^{-1}］の場合には、次の式からs_2が求められる。

$$\frac{120 \times 50 \times (1 - s_2)}{6} = 970$$

$$1 - s_2 = 0.97$$

$$s_2 = 0.03$$

問題文より、$R_1 = 0.2$［Ω］、$s_1 = 0.02$であるので、これらを上式に代入すると、R_2が求められる。

$$\frac{0.2}{0.02} = \frac{R_2}{0.03}$$

$$R_2 = 0.03 \times 10 = 0.3 ［Ω］$$

したがって、0.3 － 0.2 ＝ 0.1［Ω］の抵抗を挿入すればよいので、①が正答である。

○　下図に示す分巻式の直流電動機において、端子電圧 V が 200 V、無負荷時の電動機入力電流 I が 10 A のとき、回転速度が 1200 min⁻¹ であった。同じ端子電圧で、電動機入力電流が 110 A に対する回転速度に最も近い値はどれか。ただし、この直流電動機の界磁巻線の抵抗 R_f は 25 Ω、電機子巻線とブラシの接触抵抗の和 R_a は 0.1 Ω とし、電機子反作用による磁束の減少もなく、電機子巻線に鎖交する磁束数は一定であるとする。

(H30 − 16)

① 1104 min⁻¹

② 1152 min⁻¹

③ 1200 min⁻¹

④ 1263 min⁻¹

⑤ 1140 min⁻¹

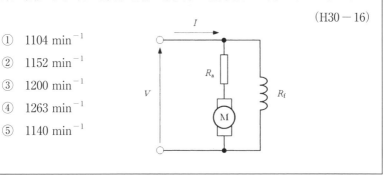

【解答】　⑤

【解説】　$V = 200$ ［V］であるので、抵抗 R_f（$= 25$ Ω）には 8 A 流れる。

　　$I = 10$ A の場合には、抵抗 R_a には 2 A 流れているので、直流機の誘導起電力 E_{a1} は、次のようになる。

$$E_{a1} = 200 - 0.1 \times 2 = 199.8 \text{［V］}$$

　　$I = 110$ A の場合には、抵抗 R_a には 102 A 流れているので、直流機の誘導起電力 E_{a2} は、次のようになる。

$$E_{a2} = 200 - 0.1 \times 102 = 189.8 \text{［V］}$$

　　回転数は誘導起電力に比例するので、入力電流 110 A のときの回転速度 n は次の式で求められる。

$$n = 1200 \times \frac{189.8}{199.8} \fallingdotseq 1140 \text{［min⁻¹］}$$

　　したがって、1140 min⁻¹ が最も近い値であるので、⑤が正答である。

　　なお、平成 26 年度および平成 28 年度試験において同一、平成 21 年度試験において類似の問題が出題されている。

8. 変　圧　器

○　変圧器に関する次の記述の、$\boxed{}$に入る語句の組合せとして、最も適切なものはどれか。　　　　　　　　　　　　　　　　　　　　　(R4 - 16)

変圧器を運転すると、その内部では損失を発生する。この損失を二次出力に加えたものが、一次入力として電源から入ってくるのである。ここで、損失は無負荷損と負荷損に分けられる。無負荷損は、変圧器を無負荷にして、定格周波数、定格電圧を一次側に加えたときの入力で、そのほとんどが$\boxed{\text{ ア }}$である。$\boxed{\text{ ア }}$のうち、$\boxed{\text{ イ }}$は、磁束の変化によって鉄心内に起電力を生じ、電流が流れる結果、抵抗損失を生ずるもので、鋼板の厚さ、周波数及び磁束密度のそれぞれ2乗に比例する。負荷損は、変圧器に負荷をつなげたとき、流れる負荷電流によって生ずる損失で、巻線の$\boxed{\text{ ウ }}$と、漂遊（ひょうゆう）負荷損の和からなる。

	ア	イ	ウ
①	鉄損	うず電流損	銅損
②	銅損	うず電流損	鉄損
③	銅損	ヒステリシス損	鉄損
④	銅損	誘電体損	鉄損
⑤	鉄損	ヒステリシス損	銅損

【解答】　①

【解説】無負荷損には、鉄損、無負荷電流による巻線抵抗損、絶縁物の誘電体損などがあるが、無負荷損のほとんどは「鉄損」（アの答え）である。鉄損には、うず電流損とヒステリシス損があるが、電磁誘導による磁束の変化に伴って鉄心内に電流が流れる結果発生するのは「うず電流損」

（イの答え）である。なお、うず電流損は周波数及び磁束密度のそれぞれ
の2乗に比例し、ヒステリシス損は周波数に比例する。一方、負荷損に
は、巻線の「銅損」（ウの答え）と漂遊負荷損がある。

したがって、鉄損－うず電流損－銅損となるので、①が正答である。

○　容量1kVAの単相変圧器において、定格電圧時の鉄損が20 W、全負
荷銅損が60 Wであった。定格電圧時、力率0.8の全負荷に対する50%
負荷時の効率に最も近い値はどれか。　　　　　　　　　　　　（R4－17）

① 88%　　② 90%　　③ 92%　　④ 94%　　⑤ 96%

【解答】　③

【解説】変圧器の効率（η ［%］）は次の式で求められる。

定格容量 $P_n = 1000$ VA、無負荷損（≒鉄損）$P_i = 20$ W

全負荷銅損 $P_c = 60$ W、力率 $\cos\theta = 0.8$、負荷率 $\alpha = 0.5$

$$\eta = \frac{\alpha P_n \cos\theta}{\alpha P_n \cos\theta + P_i + \alpha^2 P_c} \times 100 = \frac{0.5 \times 1000 \times 0.8}{0.5 \times 1000 \times 0.8 + 20 + 0.5^2 \times 60} \times 100$$

$$= \frac{40000}{400 + 20 + 15} = \frac{40000}{435} \fallingdotseq 92 \ ［%］$$

したがって、③が正答である。

なお、平成30年度試験において、同一の問題が出題されている。

○　変圧器の損失と効率に関する次の記述の、□□□に入る数値の組合
せとして、最も適切なものはどれか。　　　　　　　　　　　　（R3－16）

出力1000 Wで運転している単相変圧器において、鉄損が50 W、銅損
が50 W発生している。出力電圧は変えずに出力を900 Wに下げた場合、
銅損は ［ ア ］ Wで、効率は ［ イ ］ %となる。出力電圧が20%低下
した状態で出力は1000 Wで運転したとすると鉄損は ［ ウ ］ Wで、効
率は ［ エ ］ %となる。ただし、変圧器の損失は鉄損と銅損のみとし、
負荷の力率は一定とする。鉄損は電圧の2乗に比例、銅損は電流の2乗
に比例するものとする。

	ア	イ	ウ	エ
①	50	89	39	90
②	41	89	50	88
③	50	91	39	88
④	39	91	32	88
⑤	41	91	32	90

【解答】 ⑤

【解説】出力電圧は変えずに出力を 900 W に下げた場合は、電流が0.9倍に
なっているので銅損は次の式で求められる。

$$銅損 = 50 \times 0.9^2 = 40.5 \quad \rightarrow 41 \,[\mathrm{W}] \quad \cdots\cdots （アの答え）$$

この場合の効率は、次の式で求められる。

$$効率 = \frac{900}{900 + 50 + 40.5} \times 100 \fallingdotseq 90.9 \quad \rightarrow 91 \,[\%] \quad \cdots\cdots （イの答え）$$

出力電圧が20％低下した状態で出力は1000 Wで運転する場合は、電
圧が0.8倍、電流が1.25倍であるので、鉄損、銅損、効率は次の式で求
められる。

$$鉄損 = 50 \times 0.8^2 = 32 \,[\mathrm{W}] \quad \cdots\cdots （ウの答え）$$

$$銅損 = 50 \times 1.25^2 = 78.125 \,[\mathrm{W}]$$

$$効率 = \frac{1000}{1000 + 32 + 78.125} \times 100 \fallingdotseq 90.1 \quad \rightarrow 90 \,[\%] \quad \cdots\cdots （エの答え）$$

したがって、41－91－32－90となるので、⑤が正答である。

なお、令和元年再試験において、同一の問題が出題されている。

9. パワーエレクトロニクス

○　下図のような昇圧チョッパ回路において、スイッチSを周波数100 Hz
で4 ms間だけ導通するようにスイッチング動作させた場合の、負荷抵抗
Rの両端にかかる平均電圧vとして、最も近い値はどれか。　（R3－18）

なお、直流電源電圧$E = 48$ V、リアクトルインダクタンス$L = 100$ mH、
コンデンサキャパシタンス$C = 40\,\mu$F、負荷抵抗$R = 100$ kΩとする。

Eは理想直流電圧源、Sは理想スイッチ、Dは理想ダイオードを表し、
線路抵抗や素子の内部抵抗は無視するものとする。

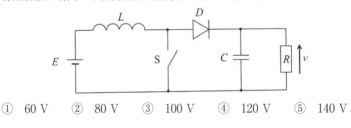

①　60 V　　②　80 V　　③　100 V　　④　120 V　　⑤　140 V

【解答】　②

【解説】周波数100 Hzであるので、10 ms間隔でオン−オフしている。よって、
オン時間が4 msということは、オフ時間が6 msになる。

昇圧形チョッパであるので、ΔI_{ON}、ΔI_{OFF}は次のようになる。

$$\Delta I_{\mathrm{ON}} = \frac{E}{L} T_{\mathrm{ON}}$$

$$\Delta I_{\mathrm{OFF}} = \frac{v - E}{L} T_{\mathrm{OFF}}$$

定常状態では、$\Delta I_{\mathrm{ON}} = \Delta I_{\mathrm{OFF}}$であるので、

$$\frac{E}{L} T_{\mathrm{ON}} = \frac{v - E}{L} T_{\mathrm{OFF}}$$

$$E T_{\mathrm{ON}} = v T_{\mathrm{OFF}} - E T_{\mathrm{OFF}}$$

$$v T_{\mathrm{OFF}} = E T_{\mathrm{ON}} + E T_{\mathrm{OFF}} = (T_{\mathrm{ON}} + T_{\mathrm{OFF}}) E$$

$$v = \frac{T_{\mathrm{ON}} + T_{\mathrm{OFF}}}{T_{\mathrm{OFF}}} E = \frac{4 + 6}{6} \times 48 = 80 \quad [\mathrm{V}]$$

したがって、②が正答である。

なお、平成26年度および平成30年度試験において、類似の問題が出題されている。

○　下図のようなDC−DCコンバータに関する次の記述の、 ⬚ に入る語句の組合せとして、最も適切なものはどれか。Eは理想直流電圧源、Lはインダクタ、Mは直流電動機を含む負荷、SW1、SW2は理想スイッチ、D1、D2は理想ダイオードを表す。なお、スイッチング周波数は十分高いものとする。　　　　　　　　　　　　　（R2−18）

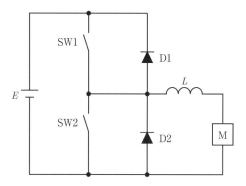

　　まず、SW1のみを周期的にOn−OffさせSW2をOff状態にすると、 ア チョッパ回路が構成され、 イ から ウ に電力が供給される。次に、SW2のみを周期的にOn−OffさせSW1をOff状態にすると、 エ チョッパ回路が構成され、 ウ から イ に電力が供給される。

	ア	イ	ウ	エ
①	降圧	電源	負荷	昇圧
②	降圧	負荷	電源	昇圧
③	昇圧	負荷	電源	降圧
④	昇圧	電源	負荷	昇圧
⑤	昇圧	電源	負荷	降圧

124

【解答】 ①

【解説】SW1を動作させている際にSW2をOffにした場合、SW1がOnのとき
には、「電源」（イの答え）から「負荷」（ウの答え）に電力が供給され
るとともに、Lにエネルギーが蓄えられる。このため、Mにかかる電圧
をV_Mとすると、常に$V_M \leqq E$となるので、「降圧」（アの答え）チョッパ
回路を構成する。一方SW2を動作させている際にSW1をOffにした場合、
常にLに蓄えられたエネルギーが放出されるので、負荷（ウの答え）か
ら電源（イの答え）に電力が供給される。よって、「昇圧」（エの答え）
チョッパ回路が構成される。

したがって、降圧－電源－負荷－昇圧となるので、①が正答である。

なお、令和元年度試験において同一、平成26年度試験において類似の
問題が出題されている。

○　下図に示される、交流電源V_o、サイリスタQ、抵抗Rからなる回路が
ある。サイリスタQを制御角$\alpha = 30°$で点弧した場合、抵抗Rの平均電
圧V_Rに最も近い値はどれか。ただし、V_oの実効値を100 Vとする。

(R1－17)

① 34 V

② 38 V

③ 42 V

④ 64 V

⑤ 98 V

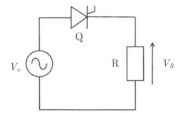

【解答】 ③

【解説】抵抗Rにかかる電圧の波形は下図のようになるので、抵抗Rの平均電
圧V_Rは次の式で求められる。

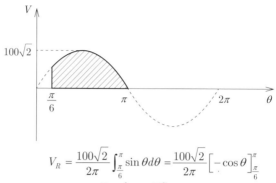

$$V_R = \frac{100\sqrt{2}}{2\pi}\int_{\frac{\pi}{6}}^{\pi} \sin\theta\, d\theta = \frac{100\sqrt{2}}{2\pi}\Big[-\cos\theta\Big]_{\frac{\pi}{6}}^{\pi}$$

$$= \frac{100\sqrt{2}}{2\pi}\times\left(1+\frac{\sqrt{3}}{2}\right)\fallingdotseq 42\ [\text{V}]$$

したがって、③が正答である。

○　下記の条件で動作しているIGBT素子で発生する損失に最も近い値はどれか。なお、ダイオードDやリード線では損失は発生しないものとする。 (R1-19)

IGBT電流 $i_{\text{IGBT}} = 1000$ A

コレクター エミッタ間飽和電圧 $V_{\text{CE(sat)}} = 1.75$ V

スイッチング周波数 $f = 2$ kHz

IGBTデューティ比 $d = 0.7$

スイッチング損失（on動作）$E_{\text{on}} = 0.07$ J／Pulse

スイッチング損失（off動作）$E_{\text{off}} = 0.1$ J／Pulse

① 1225 W

② 1305 W

③ 1505 W

④ 1565 W

⑤ 1625 W

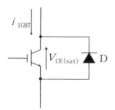

【解答】　④

【解説】IGBT素子における損失は、オン定常損失とスイッチング損失（ターンオン損失とターンオフ損失）の和である。

オン定常損失は次の式で求められる。

オン定常損失

＝IGBT電流×コレクターエミッタ間飽和電圧×IGBTデューティ比

＝1000 × 1.75 × 0.7 = 1225 ［W］

　スイッチングによる損失は、パルス当たりのon動作損失とoff動作損失に、スイッチング周波数をかけて求められるので、次のようになる。

$$(0.07 + 0.1) \times 2000 = 340 ［J/s］ = 340 ［W］$$

上記の2つの損失の和が全損失になる。

$$1225 + 340 = 1565 ［W］$$

したがって、④が正答である。

　なお、令和元年度再試験において、類似の問題が出題されている。

○　スナバに関する次の記述のうち、最も不適切なものはどれか。

(H30 − 18)

①　スイッチングに起因するデバイスのストレスを低減するため、補助的にデバイスの周辺に付加される回路要素である。

②　デバイスの過渡的な電圧、電流を抑制し、スイッチング軌跡をSOA (Safe Operating Area、安全動作領域) 内に納める。

③　過大 dv（電圧）／ dt（時間）によるサイリスタなどの誤点弧、並びに過大 di（電流）／ dt（時間）のために生じる電流集中によるデバイス破壊を防止する。

④　スイッチング期間での電圧・電流の重なりを抑制しないで、デバイス内部で生じるスイッチング損失を低減する。

⑤　複数デバイスが直列接続された高電圧回路において電圧分担の均等化を図る。

【解答】　④

【解説】①スナバとは、電子回路における急激な電圧上昇や電流上昇を抑えるための回路のことであり、スイッチングに起因するデバイスのストレスを低減することができるので、適切な記述である。

②SOAとは、半導体などが安全な状態で動作できる電圧や電流の領域であり、スナバは①に示したとおり、その機能が発揮できるので、適切な記述である。

③スナバは急激な電圧上昇（過大 dv（電圧）／dt（時間））や急激な電流上昇（過大 di（電流）／dt（時間））を抑制するので、サイリスタなどの誤点弧やデバイス破壊を防止する。よって、適切な記述である。

④スナバは、電子回路における急激な電圧上昇や電流上昇を抑えるための回路であり、スイッチング時の電圧や電流の重なりによる急激な電圧上昇や電流上昇も抑制する。また、その際にスナバ抵抗でスイッチング損失が発生するので、不適切な記述である。

⑤複数デバイスが直列接続された高電圧回路において、電圧分担の均等化を図るためにも充放電スナバ回路が用いられるので、適切な記述である。

○　電力用半導体素子に関する次の記述のうち、最も不適切なものはどれか。　　　　　　　　　　　　　　　　　　　　　　　　（R1再－18）

①　電力用バイポーラトランジスタ（GTR）は、ゲート信号により主電流をオンすることができるが、オフすることはできない。

②　ゲートターンオフサイリスタ（GTO）は、ゲート信号により、主電流をオフすることができる。

③　ダイオードは方向性を持つ素子で、交流を直流に変換するために用いることができる。

④　光トリガサイリスタは、光によるゲート信号によりターンオンを行うことができる。

⑤　MOSFET（Metal Oxide Semiconductor Field Effect Transistor）は、ゲート信号により主電流をオン、オフすることができる。

【解答】　①

【解説】①バイポーラトランジスタは、ベース電極にベース電流を流し続ける

ことによりオン状態を維持し、ベース電流を除去するとオフできる
ので、不適切な記述である。

②GTOは、ゲートへの正および負の信号によってターンオン・ターン
オフできるサイリスタであるので、適切な記述である。

③ダイオードは一方向性の素子で、整流用途を目的としたデバイスで
あるので、交流を直流に変換するために用いることができる。よっ
て、適切な記述である。

④光トリガサイリスタは、発光ダイオードやレーザーダイオードでト
リガするサイリスタであるので、適切な記述である。

⑤MOSFETは、ゲートに電圧を印加し続けることによりオン状態を
維持でき、ゲート電圧を除去するとオフできるので、適切な記述で
ある。

なお、平成19年度および平成24年度試験において、類似の問題が出題
されている。

○　パワーMOSFET（Metal Oxide Semiconductor Field Effect
Transistor、MOS形電界効果トランジスタ）に関する次の記述のうち、
最も不適切なものはどれか。　　　　　　　　　　　　　（H29－18）

①　電流を制御するゲート電極部が、金属（Metal）－ 酸化物（Oxide）
－ 半導体（Semiconductor）になっている。

②　パワートランジスタと比較して、少数キャリアの蓄積効果がないた
め、高速スイッチングが可能である。

③　多数キャリアの移動度の負温度特性が電流集中を抑制するので、パ
ワートランジスタと比較して、二次降伏が起こりやすい。

④　電圧駆動デバイスであるため、パワートランジスタと比較して、駆
動電力が小さい。

⑤　動作に関与するキャリアが1種類のユニポーラデバイスである。

【解答】　③

【解説】①パワーMOSFETは、選択肢文に示されているとおり、ゲート電極

部が、金属（Metal）－酸化物（Oxide）－半導体（Semiconductor）になっているので、適切な記述である。

②パワートランジスタは少数キャリアデバイスであるが、パワーMOSFETは多数キャリアデバイスである。パワーMOSFETは電圧駆動形で少数キャリアの蓄積現象がないので、高速なスイッチングが行える。よって、適切な記述である。

③パワートランジスタは、高電圧領域において電力集中が発生し、これによる二次降伏現象が起きる危険性があるが、パワーMOSFETはパワートランジスタと比べて二次降伏現象が起きにくいので、不適切な記述である。

④パワートランジスタはベース電極にベース電流を流し続けることによりオン状態を維持するが、パワーMOSFETはゲートに電圧を印加し続けることによりオン状態を維持できるので、パワーMOSFETのほうが駆動電力は小さい。よって、適切な記述である。

⑤パワーMOSFETは、npn構造で、電子のみが伝導に寄与するユニポーラデバイスであるので、適切な記述である。

○　下図に示す三相サイリスタブリッジ回路において、制御遅れ角を60°で運転しているとする。直流側のインダクタンスは十分大きく、負荷に一定電流が流れているとみなせるとき、点Pの電位 V として、最も適切な波形はどれか。

（R2－19）

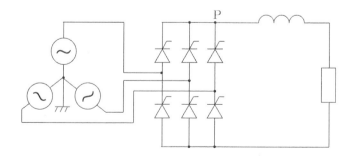

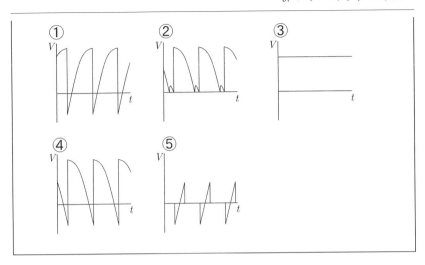

【解答】　④

【解説】交流電源の u 相電圧 V_u、v 相電圧 V_v、w 相電圧 V_w は下記の破線のように示される。

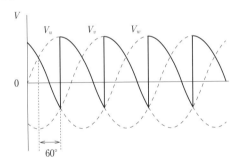

　　この場合に、制御遅れ角60°であるので、P点における電位の変化は実線で表したようになる。

　　したがって、④が正答である。

　　なお、平成24年度および平成27年度試験において、同一の問題が出題されている。

○　下図は、単相ブリッジ順変換回路である。サイリスタ Th_3 から Th_1 へ制御遅れ角 α [rad] にて転流するとき、重なり角を u [rad] とすると、電流 i_u と i_v の組合せとして、最も適切なものはどれか。ここで、交流電源を $e_u = \sqrt{2}\,E\sin\omega t$ [V]、転流インダクタンスを L_{ac} [H]、Th_1 と Th_3 の電流を i_u、i_v [A]、電源電流と直流電流を i、I_d [A] とする。直流リアクトルのインダクタンス L_{dc} [H] は十分大きく、直流電流は一定とする。Th_1 と Th_4 及び Th_3 と Th_2 には同一電流が流れ、重なり期間中もこの通流関係は変化しないものとする。　　　　　　　　　　（H28 - 17）

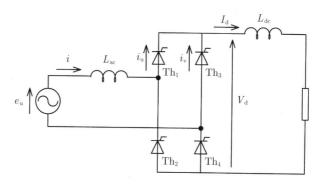

$$\underline{i_u} \qquad\qquad\qquad \underline{i_v}$$

①　$\dfrac{\sqrt{2}E}{2\omega L_{ac}}(\sin\alpha - \sin\omega t)$　　　$I_d - \dfrac{\sqrt{2}E}{2\omega L_{ac}}(\sin\alpha - \sin\omega t)$

②　$\dfrac{\sqrt{2}E}{2L_{ac}}(\cos\alpha - \cos\omega t)$　　　$I_d - \dfrac{\sqrt{2}E}{2L_{ac}}(\cos\alpha - \cos\omega t)$

③　$\dfrac{\sqrt{2}E}{2L_{ac}}(\sin\alpha - \sin\omega t)$　　　$I_d - \dfrac{\sqrt{2}E}{2L_{ac}}(\sin\alpha - \sin\omega t)$

④　$\dfrac{\sqrt{2}E}{2\omega L_{ac}}(\cos\alpha - \cos\omega t)$　　　$I_d - \dfrac{\sqrt{2}E}{2\omega L_{ac}}(\cos\alpha - \cos\omega t)$

⑤　$\dfrac{\sqrt{2}E}{2\omega L_{ac}}(\sin\alpha - \cos\omega t)$　　　$I_d - \dfrac{\sqrt{2}E}{2\omega L_{ac}}(\sin\alpha - \cos\omega t)$

【解答】　④

【解説】問題文の回路における、交流電圧、直流電圧、直流電流の関係を図示すると、下図のようになる。

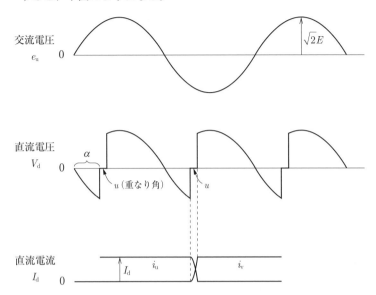

重なり角における直流電流の関係は次のようになる。

$i_u + i_v = I_d$ より、

$$i_v = I_d - i_u$$

$$L_{ac}\frac{d}{dt}\left(i_u - i_v\right) = \sqrt{2}E\sin\omega t$$

$$L_{ac}\frac{d}{dt}\left\{i_u - \left(I_d - i_u\right)\right\} = L_{ac}\frac{d}{dt}\left(2i_u - I_d\right) = \sqrt{2}E\sin\omega t$$

I_d は直流であるので、$\frac{d}{dt}I_d = 0$ より、式は次のようになる。

$$\frac{d}{dt}i_u = \frac{\sqrt{2}E}{2L_{ac}}\sin\omega t$$

$$i_u = \frac{\sqrt{2}E}{2L_{ac}}\int\sin\omega t\,dt = \frac{\sqrt{2}E}{2\omega L_{ac}}\left(-\cos\omega t + C\right)$$

サイリスタ Th_3 から Th_1 へ転流するときであるので、i_u は制御遅れ角 α 点で0 Aより、$C = \cos\alpha$ になる。よって、i_u は次のようになる。

$$i_u = \frac{\sqrt{2}E}{2\omega L_{ac}}\left(\cos\alpha - \cos\omega t\right)$$

133

よって、i_v は次のようになる。

$$i_{\mathrm{v}} = I_{\mathrm{d}} - \frac{\sqrt{2}E}{2\omega L_{\mathrm{ac}}}\left(\cos\alpha - \cos\omega t\right)$$

したがって、④が正答である。

第4章

電 子 応 用

　電子応用においては、大きく分けると、これまで半導体・電子デバイス、電子回路、制御、計測・物理現象の4項目から出題されています。

　半導体・電子デバイスに関しては、半導体、ダイオード、トランジスタについて、広く出題されているのがわかります。

　電子回路に関してはオペアンプ、論理回路、共振回路についての出題がなされていますので、ここでは3項目に分けて問題を整理してみました。その中から、それぞれの特徴をつかんでください。

　制御に関しては、PID制御にはじまり、フィードバック制御、シーケンス制御と多岐にわたって出題がなされています。また、z変換についても出題されていますので、それぞれの問題のポイントを把握してください。

　計測・物理現象に関しては最近出題が少なくなっていますが、数年おきには出題されています。しかし、本来であればもっと出題されてもおかしくない項目と考えます。

1. 半導体・電子デバイス

○　半導体に関する次の記述の、[　　　]に入る語句及び数値の組合せとして、最も適切なものはどれか。　　　　　　　　　　　　　　(R4−32)

正孔が多数キャリアである半導体を [　ア　] 型半導体、電子が多数キャリアである半導体を [　イ　] 型半導体という。[　ア　] 型及び [　イ　] 型はキャリアの電荷がそれぞれ正であるか負であるかを表している。

集積回路に用いられる主要な半導体であるシリコンは14族の元素であるため、ホウ素などの [　ウ　] 族の元素を加えると [　ア　] 型となり、この元素を [　エ　] と呼ぶ。また、リンなどの [　オ　] 族の元素を加えると [　イ　] 型となり、この元素を [　カ　] と呼ぶ。

	ア	イ	ウ	エ	オ	カ
①	p	n	13	ドナー	15	アクセプタ
②	p	n	15	アクセプタ	13	ドナー
③	n	p	13	アクセプタ	15	ドナー
④	p	n	13	アクセプタ	15	ドナー
⑤	p	n	15	ドナー	15	アクセプタ

【解答】　④

【解説】正孔は正の電荷をもっているので、「p」型（アの答え）半導体、電子は負の電荷をもっているので、「n」型（イの答え）半導体という。シリコンは14族の元素であり、最も外側にある電子の数が4価の元素である。元素の周期表の左側にある「13」族（ウの答え）の元素は、最も外側にある電子の数が3と1つ少ない元素であるので、3価の元素を加えるとp

型半導体となる。また、周期表の右側の「15」族（オの答え）の元素は、最も外側にある電子の数が5と1つ多い元素であるので、5価の元素を加えるとn型半導体となる。正孔を供給する不純物を「アクセプタ」（エの答え）と呼び、電子を供給する不純物を「ドナー」（カの答え）と呼ぶ。

したがって、④が正答である。

なお、平成22年度試験および平成26年度試験において、類似の問題が出題されている。

○　半導体に関する次の記述の、│　　　│に入る語句の組合せとして、最も適切なものはどれか。　　　　　　　　　　　　　　　　　　　　(R1－33)

電子と正孔それぞれの単位体積当たりの数が等しい半導体を│　ア　│と呼ぶ。この半導体に各種不純物を混入させることで電子と正孔の単位体積当たりの数を大幅に変化させることができる。

│　イ　│と呼ばれる電子の供給源となる不純物を混入させると単位体積当たりの電子の数が増大し、│　ウ　│と呼ばれる正孔の供給源となる不純物を混入させると単位体積当たりの正孔の数が増大する。前者を│　エ　│と呼び、後者を│　オ　│と呼ぶ。

	ア	イ	ウ	エ	オ
①	真性半導体	ドナー	アクセプタ	n形半導体	p形半導体
②	不純物半導体	ドナー	アクセプタ	p形半導体	n形半導体
③	不純物半導体	アクセプタ	ドナー	p形半導体	n形半導体
④	真性半導体	アクセプタ	ドナー	n形半導体	p形半導体
⑤	真性半導体	アクセプタ	ドナー	p形半導体	n形半導体

【解答】　①

【解説】電子と正孔それぞれの単位体積当たりの数が等しい半導体を「真性半導体」（アの答え）というが、電子の数を増大させるのはヒ素などのⅤ族元素であり、それらを「ドナー」（イの答え）という。また、正孔の数を増大させるのはガリウムなどのⅢ族元素であり、それらを「アクセプタ」（ウの答え）という。電子の数を増大させたものを「n形半導体」（エの

答え）、正孔の数を増大させたものを「p形半導体」（オの答え）という。
したがって、①が正答である。

○　半導体に関する次の記述のうち、不適切なものはどれか。　（R3－32）

① 真性半導体の電子と正孔の密度は等しい。

② n型の不純物半導体の多数キャリヤは電子である。

③ p型の不純物半導体の多数キャリヤは電子である。

④ 室温の場合、ガリウムヒ素よりもシリコンの方が真性キャリヤ密度
が大きい。

⑤ p型半導体とn型半導体を接合したpn接合では、接合界面において
異種の多数キャリヤの密度勾配により拡散が生じる。

【解答】　③

【解説】①半導体で伝導電子密度と正孔密度が等しいものを真性半導体と呼ぶ
ので、適切な記述である。

②真性半導体に微量な不純物を混ぜて、共有結合ができない過剰電子
を作るのがn型半導体であるので、多数キャリヤは電子である。
よって、適切な記述である。

③真性半導体に微量な不純物を混ぜて、共有結合ができない正孔を作
るのがp型半導体であるので、多数キャリヤは正孔である。よって、
不適切な記述である。

④室温では、1 m^3当たりの真性キャリヤ密度は、ガリウムヒ素で1.8×10^{12}であり、シリコンでは1.5×10^{16}であるので、シリコンの方が
大きい。よって、適切な記述である。

⑤接合面付近のp型領域では正孔の密度勾配によって正孔がn型領域
に拡散し、n型領域では電子の密度勾配によって電子がp型領域に
拡散するので、適切な記述である。

なお、平成20年度、平成22年度および平成28年度試験において、類
似の問題が出題されている。

○　半導体に関する次の記述のうち、最も適切なものはどれか。

（R2－33）

①　真性半導体の電子と正孔の密度は等しく、温度を上げると電子と正孔の密度は低減する。

②　n型半導体の少数キャリヤは電子である。

③　シリコンに不純物であるリンやヒ素を導入すると、p型の不純物半導体となる。

④　p型半導体とn型半導体を接合したpn接合では、接合部分に空乏層ができる。

⑤　pn接合のn型半導体を接地し、p型半導体側に負の電圧をかけると、正の電圧をかけた場合よりも電流が流れる。

【解答】　④

【解説】　①電子と正孔の密度が等しいものを真性半導体という点は適切であるが、温度を上げると熱からエネルギーを得て、電子と正孔の密度は増加するので、不適切な記述である。

②n型半導体では、多数キャリヤが電子で少数キャリヤは正孔であるので、不適切な記述である。

③14族であるシリコンに15族のリンやヒ素を導入すると、15族の原子から自由電子が出て正孔が生じるので、n型の不純物半導体となる。よって、不適切な記述である。

④p型半導体は正孔が余っておりn型半導体は電子が余っているが、それらを接合するとキャリヤ（正孔や電子）が拡散して、キャリヤ濃度が著しく低下している領域（空乏層）ができるので、適切な記述である。

⑤pn接合のp型半導体側にn型半導体より正の高い電圧をかける場合は順方向電圧であるので、電流はよく流れる。逆に、p型半導体側に負の電圧をかける場合は逆方向電圧となるので、電流が流れにくい。よって、不適切な記述である。

○　半導体に関する次の記述の、□□□□に入る語句の組合せとして、最も適切なものはどれか。　　　　　　　　　　　　　　　　　　　（R1再-33）

　　p形半導体とn形半導体とを接合すると、n形半導体中の　ア　はp形半導体内へ拡散し、p形半導体中の　イ　はn形半導体内へ拡散する。この結果、n形半導体の接合面近傍は　ウ　に帯電し、p形半導体の接合面近傍は　エ　に帯電する。これによって、接合面にはn形半導体からp形半導体へ向かう電界が生じ、これ以上の拡散が抑制される。このとき、接合部には　オ　が生じる。

	ア	イ	ウ	エ	オ
①	正孔	自由電子	正	負	逆電圧
②	自由電子	正孔	正	負	拡散電位
③	正孔	自由電子	負	正	拡散電位
④	自由電子	正孔	負	正	逆電圧
⑤	正孔	自由電子	正	負	拡散電位

【解答】　②

【解説】n形半導体からは「自由電子」（アの答え）が拡散しているため、接合部近傍は正の電荷に帯電するので、ウは「正」になる。同様に、p形半導体からは「正孔」（イの答え）が拡散しているため、接合部近傍は負の電荷に帯電するので、エは「負」になる。電界は正から負へ向かうので、n形半導体からp形半導体に向かう電界が生じる。それによって、拡散電位という電位差が生じるので、オは「拡散電位」になる。

　　したがって、自由電子－正孔－正－負－拡散電位となるので、②が正答である。

　　なお、平成21年度、平成26年度および平成29年度試験において、類似の問題が出題されている。

○　半導体に関する記述のうち、最も不適切なものはどれか。（H30-33）
　①　真性半導体、p形半導体、n形半導体は、すべて電気的中性である。

② pn接合のp形半導体側にn形半導体より正の高い電圧をかけると、電流はほとんど流れない。

③ シリコン単結晶にほう素やガリウムなどの3価の元素を注入すると、p形半導体となる。

④ p形半導体とn形半導体を接合したpn接合では、接合部分近くに空乏層ができる。

⑤ 真性半導体では、正孔と電子の密度は等しい。

【解答】 ②

【解説】①真性半導体は電子と正孔の密度が等しい半導体であるので、電気的に中性である。また、p形半導体は、4価のシリコン原子の一部を3価の原子に置き換えたことにより共有結合ができない正孔が生じたもので、電気的には中性である。n形半導体は、4価のシリコン原子の一部を5価の原子に置き換えたことにより共有結合ができない価電子が生じたもので、電気的には中性である。よって、適切な記述である。

②pn接合のp形半導体側にn形半導体より正の高い電圧をかける場合は順方向電圧であるので、電流はよく流れる。よって、不適切な記述である。

③ほう素やガリウムなどの3価の元素を注入すると、電子が1個不足する。そのため、正孔が1個できている状態になるので、p形半導体となる。よって、適切な記述である。

④p形半導体は正孔が余っておりn形半導体は電子が余っているが、それらを接合するとキャリア（正孔や電子）が拡散して、キャリア濃度が著しく低下している領域（空乏層）ができるので、適切な記述である。

⑤半導体で伝導電子密度と正孔密度が等しいものを真性半導体と呼ぶので、適切な記述である。

○ 半導体デバイス及び集積回路に関する次の記述の、 [　　] に入る語句及び数値の組合せとして、最も適切なものはどれか。 (R4-33)

MOS (Metal Oxide Semiconductor) トランジスタを用いたCMOS (相補型MOS) インバータは、nMOS (n-channel MOS) トランジスタとpMOS (p-channel MOS) トランジスタを用いて、[ア] 個のMOSトランジスタにより構成されている。入力が" [イ] "でnMOSトランジスタが [ウ] のとき、pMOSトランジスタは [エ] となり、入力が" [オ] "でnMOSトランジスタが [カ] のとき、pMOSトランジスタが [キ] となることで入力信号を反転する。CMOSインバータでは、定常状態において電源からアースへの直流電流が流れることが無いため、低消費電力である。

	ア	イ	ウ	エ	オ	カ	キ
①	2	0	オン	オフ	1	オフ	オン
②	4	1	オフ	オン	0	オン	オフ
③	4	0	オン	オフ	1	オフ	オン
④	2	1	オン	オフ	0	オフ	オン
⑤	2	1	オフ	オン	0	オン	オフ

【解答】 ④

【解説】CMOSは、nMOSとpMOSを相補的に接続した回路構成であるので、アは「2」個のMOSトランジスタで構成されている。よって、①、④、⑤が正答の候補となる。また、CMOSインバータは、入力が1のときにpMOSがオフでnMOSがオンとなり、入力が0のときにpMOSがオンでnMOSがオフとなるので、この組合せは、④のみである。

したがって、④が正答である。

○ 半導体デバイス及び集積回路に関する次の記述の、 [　　] に入る語句の組合せとして、適切なものはどれか。 (R3-33)

MOS (Metal Oxide Semiconductor) トランジスタは [ア] 制御型

であるため、　イ　制御型のバイポーラトランジスタと比較して消費電力が低い。

　ウ　電流が流れるnMOS（n-channel MOS）トランジスタと　エ　電流が流れるpMOS（p-channel MOS）トランジスタを組合せたCMOS（相補型MOS）インバータは、抵抗負荷型のMOSインバータなどと比較して待機時の消費電力が低いため、現在の集積回路に用いられている。また、シリコンの場合、　ウ　移動度が　エ　移動度よりも高い。

	ア	イ	ウ	エ
①	電流	電圧	電子	正孔
②	電圧	電流	正孔	電子
③	電界	磁界	電子	正孔
④	電圧	電流	電子	正孔
⑤	電流	電圧	正孔	電子

【解答】　④

【解説】MOSトランジスタは電界効果トランジスタの一種であるので、電圧制御型である。よって、アは「電圧」となる。一方、トランジスタは、ベース電流によって制御する電流制御型であるので、イは「電流」となる。そのため、トランジスタは、消費電力が多くなる。逆に言うと、MOSトランジスタの消費電力は、バイポーラトランジスタと比較して低い。p型とは電流を正孔が運ぶという意味で、n型とは電流を電子が運ぶという意味であるので、nMOSトランジスタには電子電流が流れ、pMOSトランジスタには正孔電流が流れる。よって、ウは「電子」、エは「正孔」になる。

　したがって、電圧－電流－電子－正孔となるので、④が正答である。

　なお、令和2年度試験において、類似の問題が出題されている。

○　MOS（Metal Oxide Semiconductor）トランジスタに関する次の記述
の、　　　　　に入る語句の組合せとして、最も適切なものはどれか。

（R1再－34）

　MOSトランジスタには、nチャネル形とpチャネル形があり、pチャ
ネル形MOSトランジスタは　ア　半導体基板上にソースとドレーンが
　イ　半導体で作られ、反転層が　ウ　によって形成される。p形
半導体とn形半導体を入れ替えればnチャネル形MOSトランジスタを
作ることができる。

　また、MOSトランジスタはしきい値電圧の正負によっても分類する
ことができる。ゲート・ソース間電圧が零のときに反転層が形成されな
いものを　エ　、ゲート・ソース間電圧が零のときに反転層が形成さ
れるものを　オ　と呼んでいる。

	ア	イ	ウ	エ	オ
①	n形	p形	正孔	エンハンスメント形	デプレション形
②	n形	p形	自由電子	エンハンスメント形	デプレション形
③	n形	p形	正孔	デプレション形	エンハンスメント形
④	p形	n形	自由電子	デプレション形	エンハンスメント形
⑤	p形	n形	正孔	デプレション形	エンハンスメント形

【解答】　①

【解説】pMOSトランジスタは、n形半導体基板上に2つのp形半導体が平行
　　　　に配置され、その中間にゲート絶縁膜とゲート電極が形成されている。
　　　　基板はn形半導体であるので、アは「n形」になり、p形半導体の一方
　　　　がキャリアの供給源となるソースで、もう一方がキャリアの集まるドレ
　　　　インになるので、イは「p形」である。ソースとドレイン間にあるn形
　　　　半導体基板表面に反転層が形成されると導通するが、この反転層（チャ
　　　　ネル）がp形となるものがpMOSである。pチャネル型では「正孔」（ウ
　　　　の答え）がキャリアとして誘起される。

　　　　　反転層が形成されない場合には、電圧の増加とともに電流が増加する

ので、増加という意味の「エンハンスメント形」（エの答え）と呼ぶ。
逆に反転層が形成される場合には、電圧の増加とともに電流が減少する
ので、減少という意味の「デプレション形」（オの答え）と呼ぶ。

　したがって、n形－p形－正孔－エンハンスメント形－デプレション
形となるので、①が正答である。

○　pMOS（p-channel Metal-Oxide-Semiconductor）トランジスタに
関する次の記述の、[　　　]に入る語句の組合せとして、最も適切なも
のはどれか。 (H30－34)

　pMOSトランジスタは、ソース、ドレイン、ゲート、基板の4つの端子
を持ち、ソースとドレインは[ア]形半導体で作られ、ゲートは金属
又はポリシリコンで作られ、基板は[イ]形半導体で作られている。
ゲート・ソース間電圧 V_{GS} とpMOSトランジスタのしきい電圧 V_T が V_{GS}
$> V_T$ の場合、ドレイン・ソース間電圧には電流が流れないが、$V_{GS} \leq V_T$
の場合、ゲート直下のチャネルに[ウ]が誘起されて、[エ]のド
レイン・ソース間電圧 V_{DS} によって[ウ]が[オ]に向かって動く
ことにより電流が流れる。

	ア	イ	ウ	エ	オ
①	n	p	電子	負	ドレインからソース
②	n	p	電子	正	ソースからドレイン
③	p	n	正孔	負	ソースからドレイン
④	p	n	電子	正	ソースからドレイン
⑤	p	n	正孔	正	ドレインからソース

【解答】　③

【解説】pMOSトランジスタは、n形半導体基板上に2つのp形半導体が平行
　　　　に配置され、その中間にゲート絶縁膜とゲート電極が形成されている。
　　　　基板はn形半導体であるので、イは「n」になり、p形半導体の一方が
　　　　キャリアの供給源となるソースで、もう一方がキャリアの集まるドレイ
　　　　ンになるので、アは「p」である。ソースとドレイン間にあるn形半導体

基板表面に反転層が形成されると導通するが、この反転層（チャネル）がp形となるものがpMOSである。pチャネル形では「正孔」（ウの答え）がキャリアとして誘起される。チャネルが形成された状態でドレインに負電圧を印加するとソースからドレインにキャリアが流れるので、エは「負」になり、オは「ソースからドレイン」になる。

したがって、p－n－正孔－負－ソースからドレインとなるので、③が正答である。

なお、平成23年度、平成24年度試験において類似、平成25年度および平成27年度試験において同一の問題が出題されている。

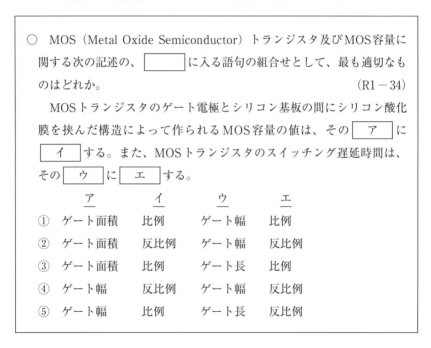

○ MOS（Metal Oxide Semiconductor）トランジスタ及びMOS容量に関する次の記述の、□□□□に入る語句の組合せとして、最も適切なものはどれか。　　　　　　　　　　　　　　　　　　　　　（R1－34）

MOSトランジスタのゲート電極とシリコン基板の間にシリコン酸化膜を挟んだ構造によって作られるMOS容量の値は、その　ア　に　イ　する。また、MOSトランジスタのスイッチング遅延時間は、その　ウ　に　エ　する。

	ア	イ	ウ	エ
①	ゲート面積	比例	ゲート幅	比例
②	ゲート面積	反比例	ゲート幅	反比例
③	ゲート面積	比例	ゲート長	比例
④	ゲート幅	反比例	ゲート幅	反比例
⑤	ゲート幅	比例	ゲート長	反比例

【解答】　③

【解説】MOSは、キャパシタの一方の電極をシリコンに置き換え、シリコン酸化膜を挟み込んだ構造である。キャパシタの容量は電極面積に比例するが、MOSでキャパシタの電極面積に当たるのは「ゲート面積」（アの答え）であるので、容量値はゲート面積に「比例」（イの答え）する。また、MOSトランジスタのスイッチング遅延時間は、ゲートがしきい値

電圧まで上昇するまでの充電時間であるので、ゲート抵抗値に比例して長くなる。ゲート抵抗値はゲート長さに比例するので、スイッチング遅延時間は「ゲート長」（ウの答え）に「比例」（エの答え）する。

したがって、ゲート面積—比例—ゲート長—比例となるので、③が正答である。

なお、平成25年度および平成28年度試験において、同一の問題が出題されている。

○　集積回路及び半導体に関する次の記述のうち、最も不適切なものはどれか。 　　　　　　　　　　　　　　　　　　　　　　　　　　　　（H29-34）

①　半導体は一般に、金属に比べ電気抵抗率の温度変化率は大きく、温度を上げると電気抵抗率は減少する。

②　n形半導体の多数キャリアは電子である。

③　pn接合に光を照射すると起電力が発生する現象は、太陽電池に応用されている。

④　MOS（Metal Oxide Semiconductor）トランジスタのポリシリコン電極とシリコン基板の間にシリコン酸化膜を誘電体として挟んだ構造によって作られるMOS容量の単位面積当たりの容量値は、シリコン酸化膜の厚さに比例する。

⑤　1段のスタティックCMOS（相補型 Metal Oxide Semiconductor）論理ゲートでは、入力がすべて1の場合に出力は0となる。

【解答】　④

【解説】①半導体の場合には、一般的に温度が低いときに抵抗率が高く、温度が上昇すると急激に抵抗率が小さくなるので、温度変化率は金属に比べて大きい。よって、適切な記述である。

②p形半導体の多数キャリアは正孔で、n形半導体の多数キャリアは電子であるので、適切な記述である。

③pn接合界面近傍に光を照射すると、光の照射によって発生した電子—正孔対は内部電界によって電荷分離し、電子はn形半導体側に、

　　　正孔は p 形半導体側に移動するので、順方向電圧が現れる。この現
　　象を光起電力効果といい、電力として取り出すものとして太陽電池
　　があるので、適切な記述である。
　④MOS容量の容量値はゲート面積に比例するので、不適切な記述で
　　ある。
　⑤1段のスタティックCMOS論理ゲートの入力がすべて1の場合には、
　　その否定である0が出力となるので、適切な記述である。
　なお、平成23年度および平成27年度試験において、類似の問題が出題
されている。

2. オペアンプ

○ 演算増幅器はオペアンプとも呼ばれ、波形操作などに用いられる汎用増幅器である。抵抗 R_1、R_2 と理想オペアンプを下図のように接続した反転増幅器の回路において、入力電圧 v_in を与えた場合、出力電圧 v_out と入力インピーダンス Z_in の組合せとして、最も適切なものはどれか。

(R4－20)

	v_out	Z_in
①	$-\dfrac{R_1}{R_2} v_\text{in}$	R_1
②	$-\dfrac{R_2}{R_1} v_\text{in}$	R_1
③	$-\dfrac{R_1}{R_2} v_\text{in}$	$R_1 + R_2$
④	$-\dfrac{R_1 + R_2}{R_1} v_\text{in}$	R_1
⑤	$-\dfrac{R_1 + R_2}{R_1} v_\text{in}$	$R_1 + R_2$

【解答】 ②

【解説】出力電圧（v_out）を求めるには、次の簡略化した回路で考えればよい。

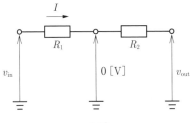

149

この回路から、次の2式が成立する。

$$I = \frac{v_{\text{in}} - v_{\text{out}}}{R_1 + R_2} \quad \cdots\cdots (1)$$

$$v_{\text{out}} + R_2 I = 0 \quad \cdots\cdots (2)$$

$$v_{\text{out}} = -R_2 I = -\frac{R_2 (v_{\text{in}} - v_{\text{out}})}{R_1 + R_2} \quad \cdots\cdots 式 (1) を式 (2) に代入$$

$$(R_1 + R_2) v_{\text{out}} = -R_2 (v_{\text{in}} - v_{\text{out}})$$

$$R_1 v_{\text{out}} + R_2 v_{\text{out}} = -R_2 v_{\text{in}} + R_2 v_{\text{out}}$$

$$R_1 v_{\text{out}} = -R_2 v_{\text{in}}$$

$$v_{\text{out}} = -\frac{R_2}{R_1} v_{\text{in}}$$

また、式 (1) より、入力インピーダンス ($\frac{v_{\text{in}}}{I}$) は次のようになる。

$$(R_1 + R_2)I = v_{\text{in}} - v_{\text{out}} = v_{\text{in}} + \frac{R_2}{R_1} v_{\text{in}} = \frac{R_1 + R_2}{R_1} v_{\text{in}}$$

$$R_1 I = v_{\text{in}}$$

$$\frac{v_{\text{in}}}{I} = R_1 = Z_{\text{in}}$$

したがって、②が正答である。

なお、平成29年度試験において、同一の問題が出題されている。

○　下図に示す演算増幅器はオペアンプとも呼ばれ、波形操作などに用いられる汎用増幅器である。入力端子の電圧を $V_{in(+)}$ 及び $V_{in(-)}$、出力端子の電圧を V_{out} とする。入力インピーダンスが十分高く、出力インピーダンスが十分低い場合、演算増幅器の電圧利得として、適切なものはどれか。

(R3−21)

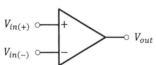

①　$\dfrac{V_{out}}{V_{in(+)} - V_{in(-)}}$　　②　$\dfrac{V_{out}}{V_{in(+)} + V_{in(-)}}$　　③　$\dfrac{2V_{out}}{V_{in(+)} - V_{in(-)}}$

④　$\dfrac{2V_{out}}{V_{in(+)} + V_{in(-)}}$　　⑤　$\dfrac{V_{out}}{2\left(V_{in(+)} - V_{in(-)}\right)}$

【解答】 ①

【解説】利得とは入力と出力の比であるので、電圧利得は次の式で求められる。

$$\frac{出力}{入力} = \frac{V_{out}}{V_{in(+)} - V_{in(-)}} \ [倍]$$

通常は、デシベル値で表示するが、この問題の選択肢は倍率になっているので、①が正答である。

○ 下図は理想オペアンプを用いた一次ローパスフィルタ回路である。この回路に関する次の記述の、 ☐ に入る数式の組合せとして、最も適切なものはどれか。 (R1－22)

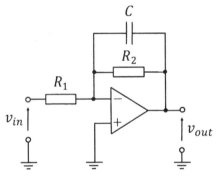

この回路のカットオフ周波数 f_C は ☐ ア であり、入力信号の周波数が f_C より十分低い場合の利得 $\frac{v_{out}}{v_{in}}$ が ☐ イ となる回路である。

	ア	イ
①	$\dfrac{1}{2\pi C(R_1 + R_2)}$	$\dfrac{-R_2}{R_1}$
②	$\dfrac{1}{2\pi C R_2}$	$1 + \dfrac{R_2}{R_1}$
③	$\dfrac{1}{2\pi C R_2}$	$\dfrac{-R_2}{R_1}$
④	$\dfrac{1}{2\pi C(R_1 + R_2)}$	$1 + \dfrac{R_2}{R_1}$
⑤	$\dfrac{1}{2\pi C R_1}$	$\dfrac{-R_1}{R_2}$

【解答】 ③

【解説】 問題の図から、周波数選択回路は R_2 と C の並列回路になる。RC回路の一次ローパスフィルタの時定数（τ）は次の式になる。

$$\tau = R_2 C$$

また、カットオフ周波数 f_C は、次のようになる。

$$f_C = \frac{1}{2\pi\tau} = \frac{1}{2\pi C R_2} \qquad （アの答え）$$

次に利得（$\frac{v_{out}}{v_{in}}$）を求めるには、次の簡略化した回路で考えればよい。

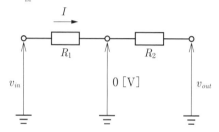

この回路から、次の2式が成立する。

$$I = \frac{v_{in} - v_{out}}{R_1 + R_2} \qquad \cdots\cdots (1)$$

$$v_{out} + R_2 I = 0 \qquad \cdots\cdots (2)$$

上記2式より、

$$v_{out} = -R_2 I = -\frac{R_2(v_{in} - v_{out})}{R_1 + R_2}$$

$$(R_1 + R_2)\, v_{out} = -R_2\,(v_{in} - v_{out})$$

$$R_1 v_{out} + R_2 v_{out} = -R_2 v_{in} + R_2 v_{out}$$

$$R_1 v_{out} = -R_2 v_{in}$$

$$\frac{v_{out}}{v_{in}} = \frac{-R_2}{R_1} \qquad （イの答え）$$

したがって、③が正答である。

なお、平成26年度および令和元年度再試験において類似の問題が出題されている。

○　下図は理想オペアンプを用いた回路である。この回路に関する次の記述の、□□□に入る組合せとして、最も適切なのはどれか。

(H30 − 21)

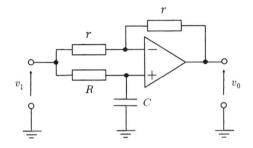

　この回路は一次 □ア□ と呼ばれ、その伝達関数 $\dfrac{v_0}{v_1}$ が □イ□ となる回路である。

	ア	イ
①	ハイパス回路	$\dfrac{1}{1 + j\omega CR}$
②	オールパス回路	$\dfrac{1 - j\omega CR}{1 + j\omega CR}$
③	ハイパス回路	$\dfrac{j\omega CR}{1 + j\omega CR}$
④	ローパス回路	$\dfrac{1}{1 + j\omega CR}$
⑤	オールパス回路	$\dfrac{-1 + j\omega CR}{1 + j\omega CR}$

【解答】　②

【解説】問題の図のような反転増幅回路のオペアンプの出力と入力をつなぐ r にコンデンサを並列に入れるとローパス回路になる（前問のR1 − 22問題の図参照）。また、入力側の r に直列にコンデンサを入れるとハイパス回路になる。問題の回路にはそのどちらにもコンデンサは入っていないので、オールパス回路（アの答え）である。

下図のように電圧と電流をおくと、次の式が成り立つ。

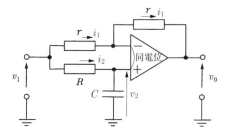

$$v_2 - v_0 = r i_1 \quad \cdots\cdots (1)$$

$$v_1 - v_2 = r i_1 \quad \cdots\cdots (2)$$

式 (1) と式 (2) より、

$$v_2 - v_0 = v_1 - v_2$$

$$2v_2 = v_0 + v_1$$

$$v_2 = \frac{v_0 + v_1}{2} \quad \cdots\cdots (3)$$

$$i_2 = j\omega C v_2$$

$$v_1 - v_2 = R i_2 = j\omega C R v_2$$

$$v_1 = v_2 + j\omega C R v_2 = (1 + j\omega C R) v_2$$

式 (3) をこの式に代入する。

$$v_1 = (1 + j\omega C R) \frac{v_0 + v_1}{2}$$

$$2v_1 = (1 + j\omega C R) v_0 + v_1 + j\omega C R v_1$$

$$v_1 - j\omega C R v_1 = (1 + j\omega C R) v_0$$

$$(1 - j\omega C R) v_1 = (1 + j\omega C R) v_0$$

$$\frac{v_0}{v_1} = \frac{1 - j\omega C R}{1 + j\omega C R} \quad \cdots\cdots (イの答え)$$

したがって、②が正答である。

○　下図は理想オペアンプを用いた回路である。図のように電圧 V_1 [V] を与えたとき、抵抗 R_4 [Ω] にかかる電圧 V_0 [V] として、最も適切なものはどれか。

(H28 − 23)

154

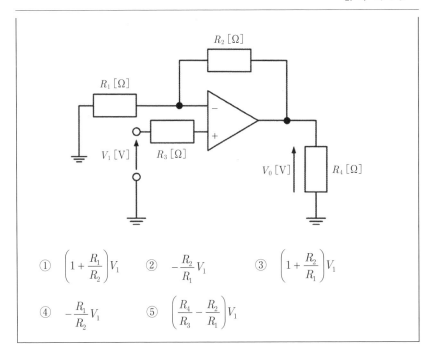

① $\left(1 + \dfrac{R_1}{R_2}\right)V_1$ ② $-\dfrac{R_2}{R_1}V_1$ ③ $\left(1 + \dfrac{R_2}{R_1}\right)V_1$

④ $-\dfrac{R_1}{R_2}V_1$ ⑤ $\left(\dfrac{R_4}{R_3} - \dfrac{R_2}{R_1}\right)V_1$

【解答】 ③

【解説】理想オペアンプでは入力インピーダンスは∞であると考えるので、V_1 が加わってもオペアンプ自身に電流は流れない。そのため、反転端子電圧は V_1 となる。よって、回路は次の図のように表せる。

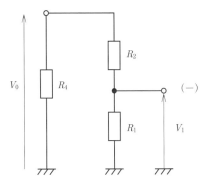

図から、V_1 は次の式で表される。

$$V_1 = \frac{R_1}{R_1 + R_2} V_0$$

$$V_0 = \frac{R_1 + R_2}{R_1} V_1$$

$$V_0 = \left(1 + \frac{R_2}{R_1}\right) V_1$$

したがって、③が正答である。

なお、平成18年度、平成24年度および平成27年度試験において類似、平成20年度、平成22年度および平成23年度試験において同一の問題が出題されている。

○ 理想オペアンプの特性として、最も不適切なものはどれか。（R2－22）

① 入力インピーダンスが無限大である。

② 出力インピーダンスが0である。

③ 差動電圧利得が1である。

④ 同相電圧利得が0である。

⑤ 周波数帯域幅が無限大である。

【解答】 ③

【解説】①入力インピーダンスは演算増幅器の入力端子間のインピーダンスであり、理想オペアンプの入力インピーダンスは無限大であるので、適切な記述である。

②出力インピーダンスは出力端子と直列に接続されているインピーダンスであり、理想オペアンプの出力インピーダンスは0であるので、適切な記述である。

③演算増幅器は、正相入力端子、逆相入力端子、出力端子、電源端子を持ち、入力端子間の電圧（＝差動電圧）を高利得で増幅するが、理想演算増幅器の場合には差動電圧利得が無限大である。よって、不適切な記述である。

④二つの入力端子に全く同じ電圧の信号を入力すると差分はゼロになるので、同相電圧利得は0である。よって、適切な記述である。

⑤理想オペアンプでは、どんな周波数でも利得は下がらないので、周波数帯域幅は無限大である。よって、適切な記述である。

なお、平成21年度、平成22年度および平成25年度試験において、類似の問題が出題されている。

○　下図で表される回路において、コレクタ電流I_Cが流れ、ベース・エミッタ間の電圧V_{BE}が0.7 Vとなった。このときコレクタ電流I_Cの値として、最も近い値はどれか。なお、各電池の内部抵抗は無視できるものとし、トランジスタのエミッタ接地電流増幅率（コレクタ電流とベース電流の比）は十分大きいものとする。　　　　　　　　　　　　　　　　　　　　　　　　　　　　(R1－23)

①　1.3 mA

②　1.1 mA

③　0.9 mA

④　0.7 mA

⑤　0.5 mA

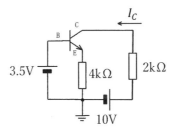

【解答】　④

【解説】エミッタ電流をI_E、ベース電流をI_Bとすると、次の関係式が成り立つ。

$$I_E = I_C + I_B$$

また、$V_{BE} = 0.7$ Vであるので、エミッタ側の4 kΩの抵抗には3.5 － 0.7 = 2.8 [V] の電圧がかかっている。よって、I_Eは次の式で求められる。

$$I_E = \frac{2.8}{4 \times 10^3} = 0.7 \times 10^{-3} \ [\text{A}] \ = 0.7 \ [\text{mA}]$$

なお、エミッタ接地電流増幅率（コレクタ電流とベース電流の比）は十分大きいので、$I_C \gg I_B$　である。

そのため、$I_C \fallingdotseq I_E = 0.7$ [mA]

したがって、④が正答である。

なお、平成28年度試験において、類似の問題が出題されている。

3. 論 理 回 路

○　排他的論理和（XOR）の論理式は次式で表され、入力の不一致を検出する。

$$A \oplus B = \overline{A} \cdot B + \overline{B} \cdot A$$

上記の論理式を変形し、XOR を 2 つの NOT と 3 つの NOR で実現した場合、最も適切なものはどれか。ただし、論理変数 A, B に対して、$A + B$ は論理和を表し、$A \cdot B$ は論理積を表し、$\overline{A}$ は A の否定を表す。

なお、任意の A, B について、ド・モルガンの定理

$$\overline{A \cdot B} = \overline{A} + \overline{B}$$

$$\overline{A + B} = \overline{A} \cdot \overline{B}$$

が成り立つことを利用してよい。　　　　　　　　　　　　　　　（R4－23）

①　$\overline{\overline{(A + B)} + \overline{(\overline{A} + \overline{B})}}$　　　②　$\overline{\overline{(A + B)} + \overline{(A + B)}}$

③　$\overline{\overline{(\overline{A} + \overline{B})} + \overline{(\overline{A} + \overline{B})}}$　　　④　$\overline{(\overline{A} + B)} + \overline{(\overline{A} + \overline{B})}$

⑤　$\overline{(A + B) + (\overline{A} + \overline{B})}$

【解答】　①

【解説】①$= \overline{(\overline{A + B})} \cdot \overline{(\overline{\overline{A} + \overline{B}})} = (A + B) \cdot (\overline{A} + \overline{B})$

　　　　　$= A \cdot \overline{A} + A \cdot \overline{B} + B \cdot \overline{A} + B \cdot \overline{B}$

　　　　　$= A \cdot \overline{B} + B \cdot \overline{A} = \overline{A} \cdot B + \overline{B} \cdot A = A \oplus B$ 　　　$(A \cdot \overline{A} = B \cdot \overline{B} = 0)$

②$= \overline{(\overline{A + B})} \cdot \overline{(\overline{A + B})} = (A + B) \cdot (A + B) = A + B$

③$= \overline{(\overline{\overline{A} + \overline{B}})} \cdot \overline{(\overline{\overline{A} + \overline{B}})} = (\overline{A} + \overline{B}) \cdot (\overline{A} + \overline{B}) = \overline{A} + \overline{B}$

④$= \overline{\overline{A} \cdot \overline{B}} + \overline{(\overline{\overline{A}} \cdot \overline{\overline{B}})} = \overline{A} \cdot \overline{B} + A \cdot B$

⑤$= \overline{(A + \overline{A} + B + \overline{B})} = \overline{(1 + 1)} = 0$ 　　　したがって、①が正答である。

○ 3変数 A, B, C から構成される論理式 $A \cdot B + \overline{A} \cdot C + B \cdot C$ を最も簡略化した論理式として、最も適切なものはどれか。ただし、論理変数 X, Y に対して、X + Y は論理和を表し、X・Y は論理積を表す。また、$\overline{X}$ は X の否定を表すものとする。 (R2－24)

① $A \cdot B + B \cdot C$　　② $\overline{A} \cdot C + B \cdot C$

③ $A \cdot B + \overline{A} \cdot C$　　④ $A \cdot B + B \cdot C + A \cdot B \cdot C$

⑤ $A \cdot B + \overline{A} \cdot C + A \cdot B \cdot C$

【解答】　③

【解説】　問題文の論理式は次のように簡略化できる。

$A \cdot B + \overline{A} \cdot C + B \cdot C$

$= A \cdot B \cdot (C + \overline{C}) + \overline{A} \cdot (B + \overline{B}) \cdot C + (A + \overline{A}) \cdot B \cdot C$

$= \underline{A \cdot B \cdot C} + A \cdot B \cdot \overline{C} + \underline{\underline{\overline{A} \cdot B \cdot C}} + \overline{A} \cdot \overline{B} \cdot C + \underline{A \cdot B \cdot C} + \overline{A} \cdot B \cdot C$

$= A \cdot B \cdot C + A \cdot B \cdot \overline{C} + \overline{A} \cdot B \cdot C + \overline{A} \cdot \overline{B} \cdot C$

$= A \cdot B \cdot (C + \overline{C}) + \overline{A} \cdot (B + \overline{B}) \cdot C$

$= A \cdot B + \overline{A} \cdot C = ③$

したがって、③が正答である。

なお、平成22年度、平成25年度および平成27年度試験において類似、平成30年度試験において同一の問題が出題されている。

○ 3変数 X, Y, Z から構成される論理式
$$F(X, Y, Z) = \overline{X \cdot Y \cdot Z + X \cdot Y \cdot \overline{Z} + \overline{X} \cdot Y \cdot Z + \overline{X} \cdot Y \cdot \overline{Z} + \overline{X} \cdot \overline{Y} \cdot Z}$$
を簡単化した論理式として、最も適切なものはどれか。ただし、論理変数 A, B に対して、A + B は論理和を表し、A・B は論理積を表す。また、$\overline{A}$ は A の否定を表す。 (H29－24)

① $\overline{X} \cdot (Y + \overline{Z})$　　② $\overline{X} \cdot (Y + Z)$　　③ $\overline{Y} \cdot (\overline{X} + \overline{Z})$

④ $\overline{Y} \cdot (X + Z)$　　⑤ $\overline{Y} \cdot (X + \overline{Z})$

【解答】　⑤

【解説】論理式は次のように簡単化できる。

$$F(X,Y,Z) = \overline{X \cdot Y \cdot Z + X \cdot Y \cdot \overline{Z} + \overline{X} \cdot Y \cdot Z + \overline{X} \cdot Y \cdot Z + \overline{X} \cdot Y \cdot \overline{Z} + \overline{X} \cdot \overline{Y} \cdot Z}$$

$$= \overline{X \cdot Y \cdot (Z + \overline{Z}) + \overline{X} \cdot Y \cdot (Z + \overline{Z}) + \overline{X} \cdot (Y + \overline{Y}) \cdot Z}$$

$$= \overline{X \cdot Y + \overline{X} \cdot Y + \overline{X} \cdot Z} = \overline{(X + \overline{X}) \cdot Y + \overline{X} \cdot Z} = \overline{Y + \overline{X} \cdot Z}$$

$$= \overline{Y} \cdot (\overline{\overline{X} \cdot Z}) = \overline{Y} \cdot (X + \overline{Z}) = ⑤$$

したがって、⑤が正答である。

なお、平成23年度および平成24年度試験において同一、平成22年度、平成25年度および平成26年度試験において類似の問題が出題されている。

○　下図に示すディジタル回路と等価な出力 f を与える論理式はどれか。

ただし、論理変数 A, B に対して、$A + B$ は論理和を表し、$A \cdot B$ は論理積を表す。また、$\overline{A}$ は A の否定を表す。　　　　　　　　(R4－22)

① $\overline{A} \cdot \overline{C} + B \cdot C$

② $\overline{A} \cdot C + B \cdot C$

③ $B \cdot C + A \cdot C$

④ $A + C \cdot B + C$

⑤ $\overline{A} + \overline{B} + \overline{C}$

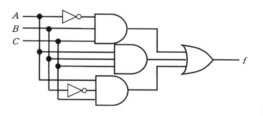

【解答】　③

【解説】問題の図より次の式が成り立つ。

$$\overline{A} \cdot B \cdot C + A \cdot B \cdot C + A \cdot \overline{B} \cdot C$$

$$= \overline{A} \cdot B \cdot C + A \cdot B \cdot C + A \cdot B \cdot C + A \cdot \overline{B} \cdot C$$

$$= (\overline{A} + A) \cdot B \cdot C + A \cdot (B + \overline{B}) \cdot C$$

$$= B \cdot C + A \cdot C = ③$$

したがって、③が正答である。

なお、平成元年再試験において、類似の問題が出題されている。

○ 4個のNANDを用いた下図の論理回路において、出力 f の論理式として、適切なものはどれか。なお、任意の X, Y について、ド・モルガンの定理

$$\overline{X \cdot Y} = \overline{X} + \overline{Y}$$

$$\overline{X + Y} = \overline{X} \cdot \overline{Y}$$

が成り立つことを利用してよい。　　　　　　　　(R3－24)

① $f = \overline{X} \cdot Y + \overline{Y} \cdot Z + Z \cdot \overline{X}$

② $f = X \cdot \overline{Y} + \overline{Y} \cdot Z + Z \cdot X$

③ $f = \overline{X} \cdot Y + Y \cdot Z + Z \cdot \overline{X}$

④ $f = X \cdot \overline{Y} + \overline{Y} \cdot Z + Z \cdot \overline{X}$

⑤ $f = X \cdot \overline{Y} + Y \cdot \overline{Z} + \overline{Z} \cdot X$

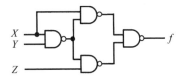

【解答】　④

【解説】問題の図は次の論理式になるので、次のように簡略化できる。

$$f = \overline{\overline{(\overline{X \cdot Y} \cdot X)} \cdot \overline{(\overline{X \cdot Y} \cdot Z)}} = (\overline{X \cdot Y} \cdot X) + (\overline{X \cdot Y} \cdot Z)$$

$$= (\overline{X} + \overline{Y}) \cdot X + (\overline{X} + \overline{Y}) \cdot Z = \overline{X} \cdot X + X \cdot \overline{Y} + Z \cdot \overline{X} + \overline{Y} \cdot Z$$

$$= X \cdot \overline{Y} + \overline{Y} \cdot Z + Z \cdot \overline{X} = ④$$

したがって、④が正答である。

なお、平成18年度試験において、同一の問題が出題されている。

○ 下図の論理回路で、出力 f の論理式として、最も適切なものはどれか。ただし、論理変数 A, B に対して、$A + B$ は論理和を表し、$A \cdot B$ は論理積を表す。また、$\overline{A}$ は A の否定を表す。　　　　　(R1－24)

① $\overline{A} \cdot \overline{B}$

② $\overline{A \cdot B}$

③ $\overline{A + B}$

④ $\overline{A}$

⑤ $\overline{B}$

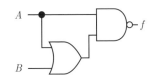

【解答】 ④

【解説】出力fの論理式は次のようになる。

$$f = \overline{\overline{A} \cdot (A + B)} = A + \overline{(A + B)} = A + \overline{A} \cdot \overline{B} = A \cdot (1 + \overline{B}) = A$$

したがって、④が正答である。

なお、平成28年度試験において、同一の問題が出題されている。

○　4つのNANDを使った下記の論理回路で、出力fの論理式として、最
も適切なものはどれか。ただし、論理変数A, Bに対して、A + Bは論理
和を表し、A・Bは論理積を表す。また、$\overline{A}$はAの否定を表す。

(H30 − 23)

① $\overline{A} \cdot \overline{B} \cdot \overline{C} \cdot \overline{D} \cdot \overline{E}$

② $\overline{A} \cdot \overline{B} \cdot \overline{D} + C \cdot \overline{D} + \overline{E}$

③ $\overline{A} \cdot \overline{B} \cdot D + C \cdot D + \overline{E}$

④ $A \cdot B \cdot D + \overline{C} \cdot D + \overline{E}$

⑤ $\overline{A} + \overline{B} + \overline{C} + \overline{D} + \overline{E}$

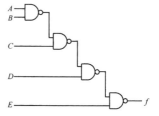

【解答】 ④

【解説】この図の論理式は次のようになる。

$$f = \overline{\left[\overline{\left\{\overline{(A \cdot B)} \cdot C\right\} \cdot D}\right] \cdot E} = \left[\overline{\left\{\overline{(A \cdot B)} \cdot C\right\} \cdot D}\right] + \overline{E}$$
$$= \left\{(A \cdot B) + \overline{C}\right\} \cdot D + \overline{E} = A \cdot B \cdot D + \overline{C} \cdot D + \overline{E} = ④$$

したがって、④が正答である。

なお、平成26年度試験において、同一の問題が出題されている。

○　任意の論理回路を実現する場合に必要なゲートの種類の組合せとして、
最も不適切なものはどれか。ただし、論理回路の実現において同じ種類
のゲートを複数用いてもよいものとする。　　　　　　(R1再−25)

① NOTゲート、ANDゲート　　② NOTゲート、ORゲート

③ ANDゲート、ORゲート　　④ NANDゲート

⑤ NORゲート

【解答】　③

【解説】複数のNORゲートからは、NOR、NOT、OR、ANDゲートが作れる。また同様に、複数のNANDゲートからも、NOR、NOT、OR、ANDゲートが作れる。

①NOTゲートとANDゲートがあればNANDゲートが作れるので、任意の論理回路を実現できる。よって、適切な組合せである。

②NOTゲートとORゲートがあればNORゲートが作れるので、任意の論理回路を実現できる。よって、適切な組合せである。

③ANDゲートとORゲートだけでは否定ができないので、任意の論理回路は実現できない。よって、不適切な組合せである。

④NANDゲートがあれば任意の論理回路を実現できる。よって、適切な組合せである。

⑤NORゲートがあれば任意の論理回路を実現できるので、適切な組合せである。

なお、平成27年度試験において、類似の問題が出題されている。

○　CMOS（相補型 Metal Oxide Semiconductor）論理回路は、多数のMOSトランジスタを多層金属配線を用いて集積化することにより構成されている。CMOS論理回路を高速化する方法として、最も不適切なものはどれか。　　　　　　　　　　　　　　　　　　　　　　　　　（R2－25）

①　MOSトランジスタのゲート長を短くする。

②　MOSトランジスタのゲート絶縁膜容量を大きくする。

③　多層金属配線の抵抗率を低くする。

④　多層金属配線間の層間絶縁膜容量を大きくする。

⑤　CMOS論理回路の電源電圧を高くする。

【解答】　④

【解説】①高速化するには、回路をより短い距離にする必要があるので、ゲート長を短くすると高速化する。よって、適切な記述である。

②ゲート絶縁膜容量を大きくすると酸化膜を薄くできるので、誘起す

る電荷量が増大し、高速化する。よって、適切な記述である。

③多層金属配線の抵抗率を低くすると、電流が流れやすくなるので、高速化する。よって、適切な記述である。

④回路全体の抵抗 R と容量 C の積である RC 積が小さいほど高速化するので、層間絶縁膜容量を小さくすると、高速化する。よって、不適切な記述である。

⑤速度は電源電圧に比例するので、電源電圧を高くすると高速化する。よって、適切な記述である。

○　CMOS論理回路の消費電力を小さくする方法として、最も不適切なものはどれか。 (R1−25)

①　電源電圧を小さくする。

②　負荷容量を大きくする。

③　クロック周波数を小さくする。

④　信号遷移1回当たりの貫通電流を小さくする。

⑤　リーク電流を小さくする。

【解答】　②

【解説】CMOS論理回路の消費電力は、負荷容量充放電と貫通電流、リーク電流の和である。負荷容量充放電の消費電力は、クロック周波数と負荷容量、電圧の2乗に比例する。貫通電流の消費電力は、クロック周波数と貫通電流、電圧に比例する。リーク電流の消費電力は、リーク電流と電圧に比例する。

①電源電圧を小さくすると、負荷容量充放電と貫通電流、リーク電流の消費電力が小さくなるので、適切な記述である。

②負荷容量を大きくすると、負荷容量充放電の消費電力が大きくなるので、不適切な記述である。

③クロック周波数を小さくすると、負荷容量充放電と貫通電流の消費電力が小さくなるので、適切な記述である。

④信号遷移1回当たりの貫通電流を小さくすると、貫通電流の消費電力

が小さくなるので、適切な記述である。

⑤リーク電流を小さくすると、リーク電流の消費電力が小さくなるので、適切な記述である。

○　図1は、2入力NANDを実現するスタティックCMOS（相補型Metal Oxide Semiconductor）論理回路である。図2が実現する論理関数 $F(X,Y,Z)$ として、最も適切なものはどれか。

ただし、論理変数 A、B に対して、$A + B$ は論理和、$A \cdot B$ は論理積、$\overline{A}$ は A の否定を表す。また、V_{DD} は電源電圧を示す。　　　　　　（H28－24）

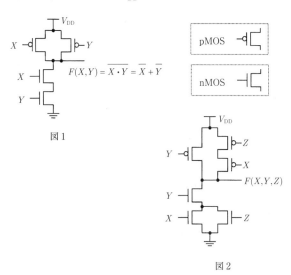

図1

図2

① $F(X,Y,Z) = \overline{X} \cdot \overline{Y} + \overline{Z}$

② $F(X,Y,Z) = \overline{X} \cdot \overline{Z} + \overline{Y}$

③ $F(X,Y,Z) = \overline{X} + \overline{Y} \cdot \overline{Z}$

④ $F(X,Y,Z) = X \cdot Y + Y \cdot Z$

⑤ $F(X,Y,Z) = X \cdot Y + Z$

【解答】　②

【解説】問題の図1はNAND回路となっている。また、NOR回路は次ページの図（a）のように表される。この関係は図2の X と Z の関係と同じである。

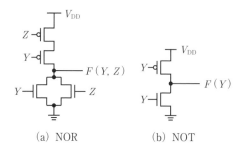

(a) NOR　　　　　(b) NOT

一方、問題の図2の Y の部分は上図（b）のNOT回路に等しい。

よって、$F(X,Y,Z)$ は次のようになる。

$$F(X,Y,Z) = \overline{Y \cdot (X + Z)} = \overline{Y} + \overline{(X + Z)} = \overline{Y} + \overline{X} \cdot \overline{Z}$$

したがって、②が正答である。

なお、平成26年度試験において同一、平成24年度試験において類似の問題が出題されている。

○　下図の論理回路の入出力の関係が、下表の真理値表で与えられる。このとき、図における｜　ア　｜に入る論理回路の論理式として、適切なものはどれか。　　　　　　　　　　　　　　　　　　　　　　　　　　（R3－23）

ただし、論理変数 A, B に対して、$A + B$ は論理和を表し、$A \cdot B$ は論理積を表す。また、$\overline{A}$ は A の否定を表す。

真理値表

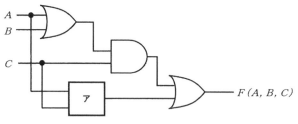

A	B	C	F
0	0	0	1
0	0	1	1
0	1	0	1
0	1	1	1
1	0	0	1
1	0	1	1
1	1	0	1
1	1	1	1

①　$\overline{A} \cdot \overline{C}$　　②　$\overline{A} + B$　　③　$B + C$

④　$A + C$　　⑤　$\overline{A} + \overline{C}$

【解答】　⑤

【解説】下図のようにX、Y、Zとおいて、真理値表で確認すると、Zは表の
条件となる。

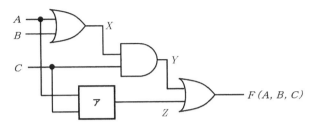

A	B	X	C	Y	Z	F
0	0	0	0	0	1	1
0	0	0	1	0	1	1
0	1	1	0	0	1	1
0	1	1	1	1	0/1	1
1	0	1	0	0	1	1
1	0	1	1	1	0/1	1
1	1	1	0	0	1	1
1	1	1	1	1	0/1	1

①は、$A=0$、$C=1$のときに$Z=1$にならないので、正答ではない。

②は、図と違いAとBの組合せなので、正答ではない。

③は、図と違いBとCの組合せなので、正答ではない。

④は、$A=0$、$C=0$のときに$Z=1$にならないので、正答ではない。

⑤は、どの場合にもZの条件を満たす。

したがって、⑤が正答である。

なお、平成29年度試験において、類似の問題が出題されている。

参考：

参考までに、論理演算の公式をいくつか示す。

$A+A=A$、$A \cdot A=A$

$A+1=1$、$A \cdot 1=A$、$A+0=A$、$A \cdot 0=0$

$A \cdot \overline{A}=0$、$A+\overline{A}=1$

$A \cdot B=B \cdot A$、$A+B=B+A$

$$A \cdot (B \cdot C) = (A \cdot B) \cdot C$$

$$A + (B + C) = (A + B) + C$$

$$A \cdot (B + C) = A \cdot B + A \cdot C$$

$$\overline{(A + B)} = \overline{A} \cdot \overline{B}$$

$$\overline{(A \cdot B)} = \overline{A} + \overline{B}$$

4. 共 振 回 路

○　下図に示すような、抵抗 R、コイル L、コンデンサ C、からなる直列
回路がある。交流正弦波電源の共振周波数 f が 1［MHz］であった場合の、
コンデンサの静電容量 C と Q 値（共振の鋭さ：Quality Factor）として
最も適切なものはどれか。ただし、$R = 1$［kΩ］、$L = 25$［mH］とする。

(R2 − 11)

① $C = 40$［pF］、$Q = 157$

② $C = 40$［pF］、$Q = 25$

③ $C = 1$［pF］、$Q = 157$

④ $C = 1$［pF］、$Q = 79$

⑤ $C = 1$［pF］、$Q = 25$

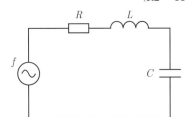

【解答】　③

【解説】直列共振回路では、次の式が成り立つ。

$$\omega = \frac{1}{\sqrt{LC}}$$

$$LC = \frac{1}{\omega^2} = \frac{1}{(2\pi f)^2} = \frac{1}{4\pi^2 \times 10^{12}}$$

$$C = \frac{1}{4\pi^2 \times 10^{12} \times 25 \times 10^{-3}} = \frac{1}{\pi^2 \times 10^{11}} = \frac{10}{\pi^2} \times 10^{-12}$$

$$\fallingdotseq 1.01 \times 10^{-12}\ [\mathrm{F}] \ \fallingdotseq 1\ [\mathrm{pF}]$$

$$Q = \frac{1}{R} \cdot \sqrt{\frac{L}{C}} = \frac{1}{10^3} \times \sqrt{\frac{25 \times 10^{-3}}{\pi^{-2} \times 10^{-11}}} = 10^{-3} \times \sqrt{5^2 \pi^2 \times 10^8} = 50\pi \fallingdotseq 157$$

したがって、③が正答である。

○　交流並列共振回路に関する次の記述の、[　　　　]に入る数値の組合せとして、最も適切なものはどれか。　　　　　　　　　（R2－12）

下図のような並列共振回路で $L = 100\ \mu\text{H}$ かつ R が十分小さいとき、535 kHz から 1605 kHz の周波数に同調させるには、キャパシタンス C の値は[　ア　]F から[　イ　]F の範囲で変化できるものであればよい。

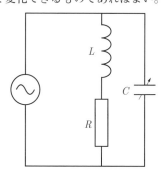

	ア	イ
①	885×10^{-12}	98.3×10^{-12}
②	1.77×10^{-9}	197×10^{-12}
③	2.78×10^{-9}	309×10^{-12}
④	5.56×10^{-9}	618×10^{-12}
⑤	885×10^{-9}	98.3×10^{-9}

【解答】　①

【解説】並列共振回路の周波数は次の式になる。

$$\omega = \frac{1}{\sqrt{LC}}$$

$$LC = \frac{1}{\omega^2} = \frac{1}{(2\pi f)^2}$$

$$C = \frac{1}{(2\pi f)^2 L}$$

$f = 535$ kHz のときは、

$$C = \frac{1}{(2\pi \times 535 \times 10^3)^2 \times 100 \times 10^{-6}} = \frac{10^{-2}}{(2\pi \times 535)^2}$$

$$\fallingdotseq 885 \times 10^{-12} \quad \cdots\cdots（アの答え）$$

$f = 1605$ kHz のときは、

$$C = \frac{1}{(2\pi \times 1605 \times 10^3)^2 \times 100 \times 10^{-6}} = \frac{10^{-2}}{(2\pi \times 1605)^2}$$

$$\fallingdotseq 98.3 \times 10^{-12} \quad \cdots\cdots（イの答え）$$

したがって、①が正答である。

○ 2つのLC直列共振回路A、Bがある。回路Aは L [H] と C [F]、回路Bは L [H] と $2C$ [F] の直列回路であり、それぞれの共振周波数は f_A、f_B である。この2つの回路をさらに直列に接続した回路Cでは、共振周波数は f_C となった。f_A、f_B、f_C の値の大小関係として、最も適切なものはどれか。　　　　　　　　　　　　　　　　　　　　　　　　　（R1再－13）

①　$f_A < f_C < f_B$　　②　$f_A < f_B < f_C$　　③　$f_C < f_B < f_A$

④　$f_B < f_C < f_A$　　⑤　$f_B < f_A < f_C$

【解答】　④

【解説】回路はすべて直列回路なので、インピーダンス Z は、それぞれ次のようになる。

$$Z_A = j\omega L + \frac{1}{j\omega C} = j\left(\omega L - \frac{1}{j\omega C}\right)$$

よって、$\omega^2 = \dfrac{1}{LC}$

$$2\pi f_A = \frac{1}{\sqrt{LC}}$$

同様に、

$$Z_B = j\omega L + \frac{1}{j2\omega C} = j\left(\omega L - \frac{1}{2\omega C}\right)$$

よって、$\omega^2 = \dfrac{1}{2LC}$

$$2\pi f_B = \frac{1}{\sqrt{2LC}} = \frac{\sqrt{2}}{2\sqrt{LC}} \fallingdotseq \frac{0.71}{\sqrt{LC}}$$

$$Z_C = j2\omega L + \frac{1}{j2\omega C} + \frac{1}{j\omega C} = j\left(2\omega L - \frac{3}{2\omega C}\right)$$

よって、$\omega^2 = \dfrac{3}{4LC}$

$$2\pi f_C = \frac{\sqrt{3}}{2\sqrt{LC}} \fallingdotseq \frac{0.87}{\sqrt{LC}}$$

したがって、$f_B < f_C < f_A$ となるので、④が正答である。

5. 制　　御

○　PID（Proportional−Integral−Derivative）　制御系に関する次の記述
のうち、不適切なものはどれか。　　　　　　　　　　　　　　　（R3−19）

① 比例ゲインを大きくすると定常偏差は小さくなる。

② 比例ゲインを大きくすると系の応答は振動的になる。

③ 制御系にその微分値を加えて制御すると、速応性を高め、減衰性を
改善できる。

④ 積分制御を行うと定常偏差は大きくなる。

⑤ PID補償をすることにより速応性を改善できる。

【解答】　④

【解説】　①比例ゲインを大きくしていくと、定常偏差はゼロに近づいていくの
で、適切な記述である。

②比例ゲインを大きくすると制御応答は速くなるが、それによって応
答が振動的になるので、適切な記述である。

③微分値を加えて制御すると、偏差が少ないうちに大きな修正動作を
加えて制御結果が大きく変動するのを防ぐので、速応性を高め、減
衰性を改善できる。よって、適切な記述である。

④積分制御は、偏差を足していった値に比例して操作量を変えるため
定常偏差を解消するので、不適切な記述である。

⑤PID補償をすると、速応性や定常特性を改善できるので、適切な記
述である。

なお、平成21年度試験において類似、平成28年度および平成30年度
試験において同一の問題が出題されている。

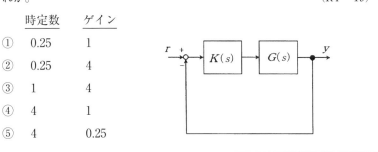

○　下図に示すフィードバック制御系において $K(s) = 2$、$G(s) = \dfrac{2}{s}$ とする。この閉ループ系の時定数とゲインの組合せとして、最も適切なものはどれか。　　　　　　　　　　　　　　　　　　　　　　　　　　　　　　　　　(R4－19)

	時定数	ゲイン
①	0.25	1
②	0.25	4
③	1	4
④	4	1
⑤	4	0.25

【解答】　①

【解説】　$r\,(s)$ から $y\,(s)$ までの伝達関数 $W\,(s)$ は以下のようになる。

$$W(s) = \frac{y(s)}{r(s)} = \frac{K(s) \cdot G(s)}{1 + K(s) \cdot G(s)} = \frac{2 \times \dfrac{2}{s}}{1 + 2 \times \dfrac{2}{s}} = \frac{4}{s + 4} = \frac{\overset{\text{ゲイン}}{1 \times 1}}{\underset{\text{時定数}}{\dfrac{1}{4}s + 1}}$$

　　周波数が十分に低い場合には $s\,(= j\omega)$ は、$s \to 0$ となるので、$W\,(s)$ →1となる。

　　よって、ゲイン（g）は「1」である。

　　また、時定数は、$\dfrac{1}{4} = \to$ 「0.25」

　　したがって、①が正答である。

　　なお、令和2年度試験において、同一の問題が出題されている。

○　下図のブロック線図で示す制御系において、$R(s)$ と $C(s)$ 間の合成伝達関数を示す式として、最も適切なものはどれか。　　　　(R1 − 20)

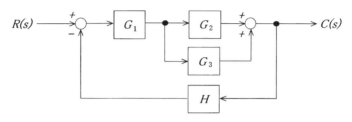

①　$\dfrac{G_1(G_2 + G_3)}{1 + HG_1(G_2 + G_3)}$　　②　$\dfrac{G_1 + G_2G_3}{1 + H(G_1 + G_2G_3)}$

③　$\dfrac{H(G_2 + G_3)}{1 + HG_1(G_2 + G_3)}$　　④　$\dfrac{G_1G_2G_3}{1 + HG_1G_2G_3}$　　⑤　$\dfrac{G_1(G_2 + G_3)}{1 + H(G_2 + G_3)}$

【解答】　①

【解説】　G_2 と G_3 は並列接続であるので、$(G_2 + G_3)$ となる。

　　　　G_1 と $(G_2 + G_3)$ は直列接続であるので、$G_1(G_2 + G_3)$ となる。

　　　　そこにフィードバック接続をするので、次のようになる。

$$\frac{G_1(G_2 + G_3)}{1 + HG_1(G_2 + G_3)}$$

　　　　したがって、①が正答である。

○　下図のようなブロック線図で表される制御系で、制御器 G_c として $G_c = 2 + \dfrac{3}{s}$ で表される伝達関数のPI制御器を用い、入力 X に正弦波交流信号を与える。正弦波の周波数が十分に低いときの利得として、最も近い値はどれか。　　　　(H29 − 21)

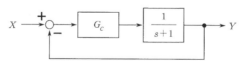

①　20 [dB]　　②　3 [dB]　　③　0 [dB]

④　−20 [dB]　　⑤　−40 [dB]

【解答】　③

【解説】　$X(s)$ から $Y(s)$ までの伝達関数 $W(s)$ は以下のようになる。

$$W(s) = \frac{Y(s)}{X(s)} = \frac{G_c \cdot \dfrac{1}{s+1}}{1 + G_c \cdot \dfrac{1}{s+1}} = \frac{G_c}{s+1+G_c} = \frac{2 + \dfrac{3}{s}}{s+1+2+\dfrac{3}{s}}$$

$$= \frac{2s+3}{s^2+3s+3}$$

周波数が十分に低い場合には $s\,(=j\omega)$ は、$s \to 0$ となるので、$W(s)$ →1となる。

よって、ゲイン（g）は以下のようになる。

$$g = 20\log 1 = 0\ [\mathrm{dB}]$$

したがって、③が正答である。

なお、平成18年度試験において類似、平成24年度試験において同一の問題が出題されている。

○　下図のようなブロック線図で表される系で、単位ステップ応答を考える。次の記述の、　　　　に入る数式の組合せとして最も適切なものはどれか。　　　　　　　　　　　　　　　　　　　　　　　（H27－21）

入力 X から出力 Y への伝達関数は　ア　と表される。また、時刻 t における単位ステップ応答 $y(t)$ は　イ　と表される。

ア　　　　　　イ

① $\dfrac{1}{s+2}$　　$\dfrac{1}{2}\left(1 - e^{-\frac{t}{2}}\right)$

② $\dfrac{s+1}{s+2}$　　$\dfrac{1}{2}\left(1 + e^{-2t}\right)$

③ $\dfrac{1}{s+1}$　　　$1 - e^{-t}$

④ $\dfrac{1}{s+2}$　　$\dfrac{1}{2}\left(1 - e^{-2t}\right)$

⑤ $\dfrac{s+1}{s+2}$　　$\dfrac{1}{2}\left(1 + e^{-\frac{t}{2}}\right)$

【解答】 ④

【解説】この系の伝達関数は次の式で求められる。

$$\frac{\dfrac{1}{s+1}}{1+\dfrac{1}{s+1}} = \frac{1}{s+1+1} = \frac{1}{s+2} \quad \cdots\cdots (\text{ア})$$

$$y(t) = \mathcal{L}^{-1}\left|\frac{1}{s+2}\frac{1}{s}\right| = \mathcal{L}^{-1}\left|\frac{1}{2}\left(\frac{1}{s} - \frac{1}{s+2}\right)\right| = \frac{1}{2}\left(1 - e^{-2t}\right) \quad \cdots\cdots (\text{イ})$$

したがって、④が正答である。

なお、平成25年度試験において、同一の問題が出題されている。

○ 伝達関数 $G(s)$ が次の式で表される制御系がある。角周波数 ω [rad／s] における周波数伝達関数は、$s = j\omega$（j は虚数単位）にすることで得られる。この制御系の入力信号に対する出力信号の位相が、遅れ90°となるとき、周波数伝達関数のゲイン $\left|G(j\omega)\right|$ に最も近い値はどれか。

(R1再−21)

$$G(s) = \frac{5}{s^2 + 1.2s + 9}$$

① 1.0　　② 1.1　　③ 1.2　　④ 1.3　　⑤ 1.4

【解答】 ⑤

【解説】周波数伝達関数は次のようになる。

$$G(j\omega) = \frac{5}{(j\omega)^2 + 1.2(j\omega) + 9} = \frac{5}{9 - \omega^2 + j1.2\omega}$$

$$= \frac{5}{(9 - \omega^2)^2 + (1.2\omega)^2}\left\{(9 - \omega^2) - j1.2\omega\right\}$$

遅れが90°であるので、$G(j\omega)$ が虚数のみで負の符号にならなければならない。

$$9 - \omega^2 = 0 \qquad \omega > 0 \qquad \text{より、}$$

$$\omega = 3$$

$$\left|G(j3)\right| = \left|\frac{5}{1.2 \times j3}\right| \fallingdotseq 1.39$$

したがって、⑤が正答である。

○　一次遅れ系 $G(s) = \dfrac{10}{10s + 1}$ の単位インパルス応答 $g(t)$ の概形として、適切なものはどれか。ただし、s はラプラス演算子である。　（R3 − 20）

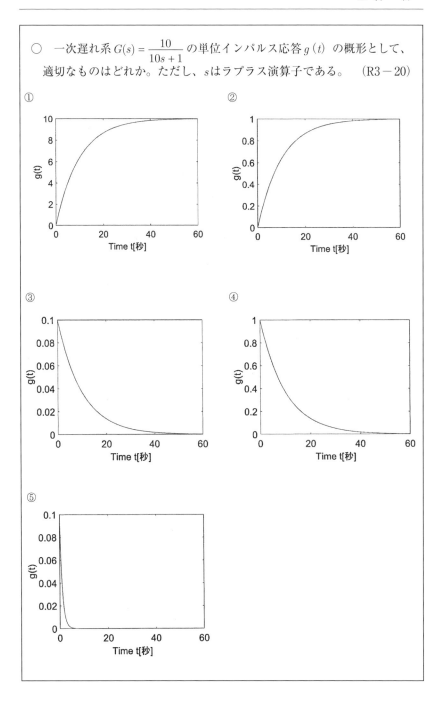

【解答】 ④

【解説】インパルス入力 $U(s) = 1$ であるので、一次遅れ系の伝達関数 $W(s)$ は以下のようになる。

$$W(s) = G(s) \cdot U(s) = \frac{10}{10s+1} \times 1 = \frac{1}{s + \dfrac{1}{10}} \quad \rightarrow \quad g(t) = e^{-\frac{t}{10}}$$

$$g(0) = e^0 = 1$$

$$g(20) = e^{-2} \fallingdotseq 2.71^{-2} \fallingdotseq 0.14$$

したがって、④が正答である。

○ 離散時間線形時不変システムの入力信号 $x(n)$ と出力信号 $y(n)$ が、

$$4y(n) + 2y(n-1) = x(n)$$

を満足するとき、システムの伝達関数の極と安定性の組合せとして、最も適切なものはどれか。ただし、n を整数とし、入力信号が有界なとき、出力信号が有界であるならばシステムは安定とする。　　　　　(H29-28)

	極	安定性
①	$\dfrac{1}{2}$	安定
②	$\dfrac{1}{2}$	不安定
③	2	安定
④	-2	不安定
⑤	$-\dfrac{1}{2}$	安定

【解答】 ⑤

【解説】問題文の式を z 変換すると次のようになる。

$$y(n) + \frac{1}{2}y(n-1) = \frac{1}{4}x(n)$$

$$Y(z) + \frac{1}{2}z^{-1}Y(z) = \frac{1}{4}X(z)$$

伝達関数 $H(z)$ は次のようになる。

$$H(z) = \frac{Y(z)}{X(z)} = \frac{\dfrac{1}{4}}{1 + \dfrac{1}{2}z^{-1}} = \frac{\dfrac{1}{4}z}{z + \dfrac{1}{2}}$$

この伝達関数の極は、$H(z) = \infty$ のときであるので、分母が0のときになる。

$$z + \frac{1}{2} = 0$$

$$z = -\frac{1}{2}$$

$H(z)$ の逆z変換 $h(n)$ は次のようになる。

$$h(n) = \sum_{n=1}^{N} \frac{1}{4}\left(-\frac{1}{2}\right)^n$$

$n \to \infty$ のとき、$h(n) < \infty$ であるので、出力は有界となる。よって、システムは「安定」である。

したがって、⑤が正答である。

○　離散的な数値列として離散時間信号 $\{x(n)\}$、$-\infty < n < \infty$、が与えられているとする。このとき、信号 $x(n)$ に対する両側z変換 $X(z)$ が、複素数 z を用いて、

$$X(z) = \sum_{n=-\infty}^{\infty} x(n)z^{-n}$$

と定義されるものとする。信号 $ax(n-k)$ のz変換として最も適切なものはどれか。ただし、k は整数、a は実数とする。　　　　　　　　　（R1-28）

① $aX(z-k)$　　② $aX(z+k)$　　③ $a^{-k}X(z)$

④ $az^{-k}X(z)$　　⑤ $az^{k}X(z)$

【解答】　④

【解説】　$ax(n-k)$ のz変換は、次の式で求められる。

$$\sum_{n=-\infty}^{\infty} ax(n-k)z^{-n} = a\sum_{n=-\infty}^{\infty} x(n-k)z^{-(n-k)-k} = a\sum_{n=-\infty}^{\infty} x(n-k)z^{-(n-k)}z^{-k}$$

$$= az^{-k}\sum_{n=-\infty}^{\infty} x(n-k)z^{-(n-k)} = az^{-k}X(z)$$

したがって、④が正答である。

なお、平成18年度、平成23年度、平成24年度および平成25年度試験において、類似の問題が出題されている。

○　離散的な数値列として離散時間信号、$\{f(n)\}$、$-\infty < n < \infty$ が、与えられているとする。このとき、信号 $f(n)$ に対する両側 z 変換 $F(z)$ が、複素数 z を用いて、

$$F(z) = \sum_{n=-\infty}^{\infty} f(n)z^{-n} \quad \text{と定義されるものとする。}$$

このとき、信号 $f(n-k)$ の z 変換として、最も適切なものはどれか。
ただし、n、k は整数とする。　　　　　　　　　　　　　　　　(H28 - 29)

①　$F(z-k)$　　②　$F(z+k)$　　③　$-kF(z)$

④　$z^{-k}F(z)$　　⑤　$z^{k}F(z)$

【解答】　④

【解説】　$f(n-k)$ の z 変換は、次の式で求められる。

$$\sum_{n=-\infty}^{\infty} f(n-k)z^{-n} = \sum_{n=-\infty}^{\infty} f(n-k)z^{-(n-k)-k} = \sum_{n=-\infty}^{\infty} f(n-k)z^{-(n-k)}z^{-k}$$

$$= z^{-k} \sum_{n=-\infty}^{\infty} f(n-k)z^{-(n-k)} = z^{-k}F(z)$$

したがって、④が正答である。

なお、平成26年度試験において、同一の問題が出題されている。

6. 計測・物理現象

○　物理現象における効果に関する次の記述のうち、最も不適切なものはどれか。　　　　　　　　　　　　　　　　　　　　　　　　　　　(R4－3)

①　「ペルチェ効果」とは、熱と電気との間に関する効果の一種であり、電子冷房に応用されている。

②　「トンネル効果」とは、電流と磁界との間に関する効果の一種であり、磁束計に応用されている。

③　「光電効果」とは、光と電気との間に関する効果の一種であり、太陽電池に応用されている。

④　「ピエゾ効果」とは、圧力と電圧との間に関する効果の一種であり、マイクロホンに応用されている。

⑤　「ゼーベック効果」とは、熱と電気との間に関する効果の一種であり、熱電対温度計に応用されている。

【解答】　②

【解説】①「ペルチェ効果」は、異種の導体または半導体の接点に電流を流したときに、接点でジュール熱以外の熱の発生または吸収が起こる現象で、電子冷房に応用されているので、適切な記述である。

②「トンネル効果」は、粒子が自分の運動エネルギーよりも大きなエネルギー障壁をトンネルのように通り抜ける現象で、ダイオードなどに応用されている。よって、不適切な記述である。

③「光電効果」は、物質が光を吸収して光電子を生じる現象で、通常は光によって起電力が発生する外部光電効果である光起電力効果を意味する場合が多い。光起電力効果を活用したものとして太陽電池

があるので、適切な記述である。

④「ピエゾ効果」は、導体や半導体に外力による応力やひずみを加えると電気抵抗が変化する現象で、圧電効果ともいう。ピエゾ効果は、マイクロホンに応用されているので、適切な記述である。

⑤「ゼーベック効果」は、2種類の金属を2点で接したときに、その2接点の温度をそれぞれ別の温度に保つと、その温度差によって回路に電圧が発生する現象で、熱電対温度計に応用されているので、適切な記述である。

なお、令和2年度試験において、選択肢の順番だけが違う同一の問題が出題されている。

○　電気機器の絶縁診断法に関する次の記述のうち、最も不適切なものはどれか。　　　　　　　　　　　　　　　　　　　　　　　(R4-18)

①　絶縁抵抗計（メガー）によって絶縁抵抗を算定することができ、極端な吸湿や外部絶縁の欠陥について、おおよその見当をつけるのに有用である。

②　直流高電圧を誘電体試料に印加し、内部を通過する電流を測定する際には、表面を伝わる電流が検出されないようにガード電極を取り付けて測定を行う。

③　直流高電圧を誘電体試料に印加すると、印加直後に吸収電流、一定時間後に漏れ電流が検出される。試料の吸湿は、吸収電流に大きく影響する。

④　シェーリングブリッジ回路を用いて交流電圧を印加することで、絶縁系の誘電正接（tan δ）を測定することができる。

⑤　誘電体にボイドなどの欠陥や吸湿、汚損があるときに交流電圧を印加すると、電流成分中に直流分が検出されるため、劣化状況の判定ができることがある。

【解答】　③

【解説】①絶縁抵抗計は、電気機器や電路と大地間、電線相互間の絶縁抵抗を

測定することによって、絶縁の欠陥の見当をつけることができるので、適切な記述である。

②測定したい電流は微細電流であるので、表面を伝わる電流などをガード電極を取り付けて接地側に逃がす必要がある。よって、適切な記述である。

③直流高電圧を誘電体試料に印加すると、吸湿や熱分解で経年劣化している場合には、導電率が増加して電流が増えるので、それを検出して診断を行うことができる。印加時間は数分～10分程度で、電流の時間変化を測定することで行われるので、不適切な記述である。

④誘電正接法では、交流印加時の損失をシェーリングブリッジ回路を用いて測定するので、適切な記述である。

⑤交流電圧を印加した場合に、ボイドなどの欠陥があると部分放電が生じて、電流中に直流分が検出されるので、劣化状況を判定することができる。よって、適切な記述である。

○ 高電圧の計測に関する次の記述の、□□□□に入る語句と数値の組合せとして、最も適切なものはどれか。　　　　　　　　　　　　　(R2－21)

　高電圧の電圧測定器として用いられる球ギャップ（平等電界）間の火花電圧は、| ア |火花電圧を基準として、気体の圧力 p とギャップ長 d の積（pd 積）を増加させた場合| イ |し、pd 積を減少させても| イ |する。球ギャップ間の| ア |火花電圧は、球ギャップが空気中にあるときは| ウ |V になる。空気を構成する酸素と比較すると、酸素単独のときの火花電圧は、空気の火花電圧と比べて| エ |。それは酸素単独の電子親和力は、空気よりも高いためである。

	ア	イ	ウ	エ
①	最小	増加	233	低い
②	最小	減少	340	高い
③	最小	増加	340	等しい
④	最小	増加	340	高い
⑤	最大	減少	233	低い

【解答】 ④

【解説】 平等電界の火花電圧は、温度が一定のときは、気体の圧力 p とギャップ長 d の積である pd 積の関数となる。pd を変数として火花電圧を描いた曲線をパッシェン曲線というが、パッシェン曲線では、ある pd 値で火花電圧が最小値をとる。そのときの火花電圧を「最小火花電圧」というので、アは「最小」になる。そのため、pd 値が「最小火花電圧」から増加しても減少しても、火花電圧は「増加」（イの答え）する。空気と酸素の最小火花電圧は下の図表のようになる。

最小火花電圧と pd 値

気体	空気	酸素
最小火花電圧 ［V］	330	450
pd ［mmHg·mm］	5.67	7.0

注) アルミニウム陰極の場合

出典：電気工学ハンドブック第 7 版

この表からわかるとおり、酸素単独のときの火花電圧は、空気の火花電圧と比べて「高い」（エの答え）。また、空気の最小火花電圧は、電気工学ハンドブック第 7 版では 330 V となっているので、ウは「340」V が近い値となる。

したがって、最小－増加－340－高いとなるので、④が正答である。

なお、平成 29 年度試験において同一、平成 27 年度試験において類似の問題が出題されている。

○ 高電圧の計測に関する次の記述のうち、最も不適切なものはどれか。

(H30 － 19)

① 平等電界において、球ギャップ間で火花放電が発生する平均の電界は約 30 kV／cm になる。

② 静電電圧計の電極間に電圧 V を印加すると、マクスウェルの応力により V^2 に比例した引力が電極間に働く。

③ 球ギャップの火花電圧は、球電極の直径、ギャップ長、相対空気密

度を一定にすると、±3%の変動範囲でほぼ一定になる。

④ 球ギャップの火花電圧は、静電気力が原因で電極表面に空気中のちりや繊維が付着し、低下することがある。

⑤ 100 kVを超える直流電圧の測定には、静電電圧計よりも抵抗分圧器の方が適している。

【解答】 ⑤

【解説】①大気圧における空気の絶縁破壊電圧は、平等電界においておおよそ1 cm当たり30 kVであるので、適切な記述である。なお、気圧が高くなると、絶縁破壊電圧はそれより上昇する。

②静電電圧計は、高電圧を印加された電極間に働く静電力を測定するが、静電力は電場の方向には、マクスウェルの応力に従って $\frac{\varepsilon}{2}V^2$ の力が働くので、適切な記述である。なお、εは誘電率である。

③球ギャップは、95%以上の信頼水準で3%の推定不確かさを持つ標準測定装置とされているので、適切な記述である。

④球ギャップの火花電圧は、電極間に働く静電気力を測定するので、電極表面に空気中のちりや繊維が付着すると低下することがある。よって、適切な記述である。

⑤静電電圧計は、高電圧を印加された電極間に働く静電気を測定するが、定格50 kV程度までの測定に用いられている。一方、抵抗分圧器は高インピーダンスと測定器を並列に接続した低インピーダンスを直列に接続し、測定を行う。しかし、抵抗に流れる電流がジュール熱となるため、高電圧の直流電圧の測定には適していない。直流高電圧の測定においては、高抵抗倍率器が適しているので、不適切な記述である。

なお、平成27年度試験において、同一の問題が出題されている。

第5章

情 報 通 信

　情報通信においては、これまで変調方式、通信技術、情報理論、信号解析、インターネットの5項目から出題されています。

　変調方式に関しては、ディジタル変調方式と無線通信に関する技術について出題されています。特にディジタル変調方式は多く出題されていますので、重点的に勉強をしてください。

　通信技術に関しては、符号変調や標本化定理などの内容が出題されています。

　情報理論に関しては、符号の木を使った問題が例年のように出題されていますので、確実に手法を理解して試験に臨んでください。

　信号解析に関しては、フーリエ変換に関する問題が中心となっています。

　インターネットに関しては、プロトコルに関して、同じような内容が繰り返し出題されていますので、確実に正答を見つけられるよう、勉強をしておく必要があります

1．変調方式

○　30ビットの情報をディジタル変調方式を使って伝送する。8PSK（Phase Shift Keying）を用いて2シンボル送信し、正しく受信された。残りの情報を、16値QAM（Quadrature Amplitude Modulation）を用いて伝送するのに必要な最低送信シンボル数として、最も適切なものはどれか。　　　　　　　　　　　　　　　　　　　　　　　　（R4－30）

①　2シンボル　　②　3シンボル　　③　4シンボル

④　5シンボル　　⑤　6シンボル

【解答】　⑤

【解説】8PSKは、$8 = 2^3$であり、1シンボルで3ビットの伝送ができ、16値QAMは、$16 = 2^4$であるので、1シンボルで4ビットの伝送ができる。

8PSKで2シンボルの伝送を行ったので、$2 \times 3 = 6$ビットの伝送ができている。

全部で30ビットであるので、残り$30 - 6 = 24$ビットの伝送を16値QAMで行う。

よって、$24 \div 4 = 6$シンボルとなる。

したがって、⑤が正答である。

○　無線通信における送信方式に関する次の記述のうち、最も不適切なものはどれか。　　　　　　　　　　　　　　　　　　　　　　（R4－31）

①　送信データに応じて搬送波の位相を変化させるPSK（Phase Shift Keying）を遅延検波によって復調する場合、送信機において事前に差動符号化することが必要である。

② 受信機において搬送波を再生する同期検波方式を用いた場合、チャネルの時間変動がなければ、遅延検波方式よりも復調性能は改善する。

③ BPSK（Binary PSK）は1シンボル当たり1ビットのデータを送信する変調方式であり、QPSK（Quadrature PSK）は1シンボル当たり2ビットのデータを送信する変調方式である。

④ 誤り訂正符号化と変調方式を同時に設計することで、優れた復調性能を達成する技術を時空間ブロック符号（STBC：Space−Time Block Coding）と呼ぶ。

⑤ 16QAM（Quadrature Amplitude Modulation）は振幅と位相を変化させることで、1シンボル当たりでQPSK（Quadrature PSK）よりも多くのデータを伝送できるが、同一受信電力における雑音耐性が低下する。

【解答】 ④

【解説】①PSKの復調方式としては遅延検波が多用されるが、遅延検波では、1符号間隔ごとの位相の相互関係のみに着目し、1符号間隔だけ位相の異なる2つの受信信号の積をつくることにより復調する。この方式を差動符号化といい、送信側で差分符号化と組み合わせるので、適切な記述である。

②同期検波方式では、入力受信信号に含まれている搬送波と周波数、位相の等しい復調用搬送波を準備し、それと受信信号との積をとった後に、不要高調波成分を除去するので、遅延検波方式より復調性能は改善する。よって、適切な記述である。

③BPSKは2値位相偏移変調であるので、1シンボル当たり1ビットのデータを送信する。一方、QPSKは4値位相偏移変調であるので、1シンボル当たり2ビットのデータを送信するので、適切な記述である。

④時空間ブロック符号は、MIMO（Multiple Input Multiple Output）などに用いられる技術である。誤り訂正符号化と変調方式を同時に設計することで、優れた復調性能を達成するのは、符号化変調方式

であるので、不適切な記述である。

⑤QAMは直交振幅変調で、振幅と位相の組合せに対してビット列を割り当てる。16値QAMは、位相と振幅をそれぞれ4段階に変化させるので、$4 \times 4 = 16 = 2^4 \Rightarrow 1$シンボルで4ビットを割り当てられる。一方、QPSKは4値位相偏移変調で、1シンボルで2ビットを送信するので、16QAMが多くのデータを伝送できる。しかし、同一受信電力における雑音耐性が低下する。よって、適切な記述である。

○　M値の直交振幅変調をM値QAM（Quadrature Amplitude Modulation）と呼ぶ。16値QAMと256値QAMそれぞれの1シンボル当たりの伝送容量の比較と信号点間隔に関する次の記述の、◻️◻️◻️に入る数値及び語句の組合せとして、適切なものはどれか。　　（R3－29）

256値QAMの伝送容量（1シンボル当たり）は、16値QAMと比較すると、◻️ア◻️倍となる。また、256値QAMの信号点間隔は、16値QAMと比較すると◻️イ◻️倍となる。同一送信電力のとき雑音余裕度は、◻️ウ◻️の方が少ない。

	ア	イ	ウ
①	16	1／5	256値QAM
②	2	1／5	256値QAM
③	2	1／8	256値QAM
④	16	1／8	16値QAM
⑤	2	1／5	16値QAM

【解答】　②

【解説】16値QAMは、1つのシンボルで4ビット（$16 = 2^4$）の情報を伝送できる。一方、256値QAMは、8ビット（$256 = 2^8$）の情報を伝送できるので、伝送容量は「2」（アの答え）倍となる。第1象限だけで見てみると、16値QAMは1軸と3軸に配置されるのに対して、256値QAMは1軸、3軸、5軸、9軸、11軸、13軸、15軸に配置される。よって、信号間隔は16値QAMで$3d$、256値QAMで$15d'$となる。これらを比較すると、

3/15＝「1/5」（イの答え）倍となる。また、同一送信電力のとき雑音余裕度は、信号点間隔が小さい256値QAMのほうが少ない。よって、ウは「256値QAM」である。

したがって、2－1/5－256値QAMとなるので、②が正答である。

○　ディジタル変調方式に関する次の記述の、　　　　　　に入る数値の組合せとして、最も適切なものはどれか。　　　　　　　　　　　（R2－31）

シンボル毎に基準位相を変化させない8PSK（Phase Shift Keying）は、信号点配置上で、　ア　度ずつ位相をずらした　イ　点の信号点を用いて、1シンボル当たり　ウ　ビットのデータを伝送する変調方式である。

	ア	イ	ウ
①	45	8	3
②	90	4	2
③	90	2	4
④	180	2	1
⑤	45	16	4

【解答】　①

【解説】PSKは位相偏移変調で、搬送波の位相をずらしてディジタル信号を送信する。8PSKは、45度（＝360度÷8）位相をずらした8点の信号点を用いるので、アは「45」、イは「8」である。1シンボル当たり、3ビット（8＝2^3）のデータ伝送をするので、ウは「3」である。

したがって、45－8－3となるので、①が正答である。

なお、平成29年度試験において、類似の問題が出題されている。

○　無線通信の移動通信環境受信に関する次の記述の、　　　　　　に入る語句の組合せとして、最も適切なものはどれか。　　　　　　　　（R1再－30）

移動通信環境では、電波は周囲の建物などにより　ア　され、移動局において電波は多くの方向から到来することになる。

　　このような環境で移動局が移動すると、異なる方向から到来する電波に干渉が生じ、一般に受信信号強度に　イ　が生じる。これをマルチパス　ウ　と呼ぶ。

	ア	イ	ウ
①	吸収	変動	フェージング
②	吸収	減衰	シャドウイング
③	反射	変動	フェージング
④	反射	減衰	シャドウイング
⑤	反射	変動	シャドウイング

【解答】　③

【解説】電波は、伝搬経路にある物体によって反射や吸収されるが、問題文中の「移動局において電波は多くの方向から到来することになる」という記述から、アは「反射」と考えられる。また、電波の干渉によって、受信信号強度は減衰するだけではなく、増幅する場合もあるので、イは「変動」が適切である。こういった、受信する電波の強弱が変動する現象のことを「マルチパス・フェージング」と呼ぶので、ウは「フェージング」である。なお、シャドウイングとは、建物から受ける遮蔽の度合いが異なることに起因する受信レベルの変動で、短区間変動や場所変動とも呼ばれる。

　　したがって、反射－変動－フェージングとなるので、③が正答である。

○　無線通信方式に関する次の記述のうち、最も不適切なものはどれか。

(R1－31)

①　16QAM（Quadrature Amplitude Modulation）は、1シンボル当たり4ビットの送信データに応じて位相と振幅を両方変化させる変調方式である。

②　ASK（Amplitude Shift Keying）方式は、送信データに応じて搬送波の振幅を変化させる変調方式であり、PSK（Phase Shift Keying）は、送信データに応じて搬送波の位相を変化させる変調方式である。

③ BPSK（Binary PSK）は、1シンボル当たり1ビットのデータを送信する変調方式であり、QPSK（Quadrature PSK）は、1シンボル当たり2ビットのデータを送信する変調方式である。

④ BPSK、QPSK、16QAMを、同一の送信電力で送信した時、シンボル誤り率が最も大きいものはBPSKであり、最も小さいものは16QAMである。

⑤ PSKでも1シンボル当たり3ビット以上のデータを変調することは可能である。

【解答】 ④

【解説】①QAMは直交振幅変調で、位相と振幅の組合せに対してビット列を割り当てる。16値QAMは、位相と振幅をそれぞれ4段階に変化させるので、$4 \times 4 = 16 = 2^4 \Rightarrow 4$ビットを割り当てられる。よって、適切な記述である。

②ASK方式は振幅偏移変調で、搬送波の振幅を元のディジタル信号に合わせて変化させる変調方式であり、PSK方式は位相偏移変調で、搬送波の位相を元のディジタル信号に合わせて変化させる変調方式である。よって、適切な記述である。

③BPSKは2値位相偏移変調であるので、1シンボル当たり1ビットのデータを送信する。一方、QPSKは4値位相偏移変調であるので、1シンボル当たり2ビットのデータを送信する。よって、適切な記述である。

④シンボル誤り率は、変調が単純なほうほど小さくなる。BPSKは$0°$と$180°$の位相を使うだけであるのに対して、QPSKは4つの位相、16値QAMは位相と振幅を組み合わせて使うので、最も単純なのはBPSKである。よって、BPSKが最も小さくなるので、不適切な記述である。

⑤PSK方式には8PSK方式（8相位相偏移変調）があり、8PSK方式では1シンボル当たり3ビット（＝2^3）のデータを送信するので、適切な記述である。

　　なお、平成24年度試験において、同一の問題が出題されている。

○　無線変調方式に関する次の記述のうち、最も不適切なものはどれか。

(H30－30)

①　BPSK（Binary Phase Shift Keying）方式は、2値の変調方式である。

②　QPSK（Quadrature Phase Shift Keying）方式の周波数利用効率は、
BPSK方式の2倍である。

③　QPSK方式は、BPSK方式よりも雑音の影響を受けやすい。

④　QPSK方式とπ／4シフトQPSK方式は、周波数利用効率が同一で
ある。

⑤　QAM（Quadrature Amplitude Modulation）方式は、位相と振幅
を同時に変調する4値の変調方式である。

【解答】　⑤

【解説】①BPSK方式の日本語名が2値位相偏移変調方式であるので、適切な
　　　　記述である。

　　　　②QPSK方式の日本語名が4値位相偏移変調方式であり、1シンボル
　　　　当たり伝送できる情報量はBPSKの2倍になるので、周波数利用効
　　　　率は2倍である。よって、適切な記述である。

　　　　③BPSK方式は機構が単純であるため、QPSK方式よりも雑音の影響
　　　　を受けにくいので、適切な記述である。

　　　　④π／4シフトQPSKは、QPSK方式から45度位相をずらして振幅変
　　　　動を小さくした変調方式であるので、周波数利用効率は同じである。
　　　　よって、適切な記述である。

　　　　⑤QAMは直交振幅変調と訳され、アナログ波の振幅と位相の組合せ
　　　　に対してビット列を割り当てる変調方式である。16QAMでは16値
　　　　となり、64QAMの場合には64値となるので、不適切な記述である。

　　　なお、平成16年度、平成17年度、平成22年度、平成23年度および平
　　成26年度試験で類似、平成19年度試験において同一の問題が出題され
　　ている。

○ ディジタル変調方式を使って、BPSK（Binary Phase Shift Keying）で4シンボル、QPSK（Quadrature Phase Shift Keying）で4シンボル、16値QAM（Quadrature Amplitude Modulation）で4シンボルのデータを伝送した。伝送した合計12シンボルで最大伝送できるビット数として、最も近い値はどれか。 　　　　　　　　　　　　　　　　　　　（R1再－31）

① 12ビット　　② 24ビット　　③ 28ビット

④ 36ビット　　⑤ 88ビット

【解答】 ③

【解説】BPSKは2値位相偏移変調であるので、1シンボル当たり1ビットのデータを伝送する。QPSKは、1シンボル当たりBPSKの2倍のビット数である2ビットを伝送する。16値QAMは、2^4であるので1シンボル当たり4ビットを伝送する。よって、問題の条件では、下式のビット数を伝送する計算になる。

　　BPSK　　　QPSK　　　16値QAM
　　$4×1$　＋　$4×2$　＋　　$4×4$　＝　$4+8+16=28$〔ビット〕

したがって、③が正答である。

なお、平成28年度試験において、類似の問題が出題されている。

○ 4 kbps（kilo bit per second）の信号をQPSK（Quadrature Phase Shift Keying）変調し、拡散率64で直接拡散したスペクトル拡散信号のチップレートとして、最も適切なものはどれか。 　　　　　　　　　（H30－31）

① 4 kcps（kilo chip per second）

② 64 kcps（kilo chip per second）

③ 256 kcps（kilo chip per second）

④ 128 kcps（kilo chip per second）

⑤ 16 kcps（kilo chip per second）

【解答】 ④

【解説】QPSKは、信号を90°位相がずれた4つの信号に対応させるので、4 kbpsの信号をQPSK変調すると、4 k÷4＝1 kのシンボルレートになる。

　　また、QPSKでは、1シンボルで2ビットの情報伝達を行うので、1 k×2＝2 kのビットレートとなる。なお、拡散率とは、次の式で表せる。

$$拡散率 = \frac{チップレート}{ビットレート} = 64$$

チップレート＝64×ビットレート＝64×2 k＝128［kcps］

したがって、④が正答である。

○　無線通信における復調方法に関する次の記述の、□□□に入る語句の組合せとして、最も適切なものはどれか。　　　　　　　　（R1－32）

　変調された信号を復調する方法としては　ア　と　イ　がある。

　　ア　は受信側で　ウ　を再生する必要があることから、　イ　より回路構成は複雑になり、チャネルの時間変動がない場合に誤り率特性は　エ　する。

	ア	イ	ウ	エ
①	同期検波	非同期検波	送信信号	改善
②	非同期検波	同期検波	送信信号	劣化
③	同期検波	非同期検波	搬送波	劣化
④	非同期検波	同期検波	送信信号	改善
⑤	同期検波	非同期検波	搬送波	改善

【解答】　⑤

【解説】変調された信号を復元する過程を復調または検波というが、検波の方法としては、同期検波と非同期検波がある。同期検波は、入力信号に含まれている搬送波と周波数、位相の等しい復調用搬送波を用意しておき、これと受信信号との積をとった後に、不要高周波成分を除去する方法であるので、アが「同期検波」、ウが「搬送波」になる。そのため、イ

は「非同期検波」である。また、同期検波は、入力信号に含まれている
搬送波と周波数、位相の等しい復調用搬送波を準備するため、回路構成
は複雑になるが、誤り率特性は、チャネルの時間変動がない場合に改善
されるので、エは「改善」になる。

　したがって、同期検波－非同期検波－搬送波－改善となるので、⑤が
正答である。

2．通 信 技 術

○　パルス符号変調（PCM）方式に関する次の記述のうち、最も不適切な
　　ものはどれか。　　　　　　　　　　　　　　　　　　　　　　（R4－29）

①　線形量子化では、信号電力対量子化雑音電力比は信号電力が小さい
　　ほど大きくなる。

②　標本化パルス列から原信号を歪みなく復元できる周波数をナイキス
　　ト周波数と呼ぶ。

③　非線形量子化を行う際の圧縮器特性の代表的なものとして、μ-law
　　（μ則）がある。

④　標本化定理によれば、アナログ信号はその最大周波数の2倍以上の
　　周波数でサンプリングすれば、そのパルス列から原信号を復元できる。

⑤　量子化された振幅値と符号の対応のさせ方の代表的なものとして、
　　自然2進符号、交番2進符号、折返し2進符号がある。

【解答】　①

【解説】①信号電力対量子化雑音電力比は「信号電力／量子化雑音電力」であ
　　　　　り、線形量子化では量子化雑音電力はほぼ一定であるので、信号電
　　　　　力が小さいほど信号電力対量子化雑音電力比は小さくなる。よって、
　　　　　不適切な記述である。

　　　　②ナイキスト周波数はサンプリング周波数の1／2の周波数をいい、
　　　　　この周波数では原信号を歪みなく復元できるので、適切な記述であ
　　　　　る。

　　　　③μ-lawは、大きな信号に対して圧縮するという非線形量子化の手法
　　　　　であり、適切な記述である。

④この内容は標本化定理に合ったものであり、適切な記述である。

⑤符号化には、自然2進符号、交番2進符号、折返し2進符号などが
あるので、適切な記述である。

なお、平成24年度、平成26年度および平成28年度試験において、ほ
ぼ同一の問題が出題されている。

○　アナログ信号とディジタル信号に関する次の記述のうち、最も不適切
なものはどれか。　　　　　　　　　　　　　　　　　　　（R1再－29）

①　時間と振幅が連続値をとるか離散値をとるかにより、信号を分類す
ることができる。サンプル値信号は、時間が離散的で、連続的な振幅
値をとる信号である。

②　アナログ素子の特性（例えばコンデンサ容量）にはばらつきがある
ので、同一特性のアナログ処理回路を大量に製造することは困難であ
るのに対して、ディジタル処理回路では高い再現性を保証できるとい
う利点がある。

③　アナログ・ディジタル（AD）変換は、標本化、量子化、符号化の
三つの処理からなる。このうち符号化とは、量子化された振幅値を
2進数のディジタルコードに変換する処理である。

④　AD変換において、アナログ信号がサンプリング周波数の1/2より
大きい周波数成分を含んでいれば、そのサンプル値から元の信号を復
元できる。

⑤　AD変換において、サンプル値信号から元の信号を復元できるサン
プリング周期の最大間隔をナイキスト間隔という。

【解答】　④

【解説】①時間と振幅のそれぞれが連続値をとるか離散値をとるかで、信号は
4つに分類できる。また、標本化後の「時間が離散的で、連続的な
振幅値」をサンプル値信号というので、適切な記述である。

②ばらつきがあるものを大量に製造することは困難であるのは明白で
あり、ディジタル処理回路が高い再現性を保証できるのも事実であ

るので、適切な記述である。

③AD変換では、アナログ信号を一定時間ごとに区切って、その値を読み込む「標本化」を行い、標本化し読み込んだ値を離散値で表す「量子化」を行い、量子化した標本値を適当な2進符号で表す「符号化」を行うので、適切な記述である。

④標本化定理によれば、アナログ信号はその最大周波数の2倍以上の周波数でサンプリングすれば、そのパルス列から原信号を復元できるので、不適切な記述である。

⑤標本化においては、『周波数が W [Hz] 以下の成分しか持たない信号は、それを $\frac{1}{2W}$ [s] 以下の時間間隔でサンプル化した値で送れば、原波形は完全に再現される。』とされているが、この $\frac{1}{2W}$ をナイキスト間隔というので、適切な記述である。

なお、平成20年度および平成23年度試験において、類似の問題が出題されている。

○　時間に対して連続的に変化する2つの信号 $x_1(t)$ と $x_2(t)$ があり、各信号に含まれる最高周波数成分がそれぞれ10 kHz、50 kHzであるとする。このとき、サンプリング周波数に関する次の記述の、　　　に入る数値の組合せとして、適切なものはどれか。　　　　　　　　　（R3－28）

出力信号が $x_1(t)$ と $x_2(t)$ の畳み込み積分で与えられるとき、この出力信号の情報を失うことなくディジタル信号処理を行うためには、サンプリング周波数を　ア　kHzよりも大きく設定しておく必要がある。

一方、出力信号が $x_1(t)$ と $x_2(t)$ の積で与えられるとき、この出力信号の情報を失うことなくディジタル信号処理を行うためには、サンプリング周波数を　イ　kHzよりも大きく設定しておく必要がある。

ただし、畳み込み積分は以下の式で与えられるものとする。

$$\{x_2 * x_1\}(t) = \int_{-\infty}^{\infty} x_2(T)x_1(t-T)dT$$

	ア	イ
①	100	120
②	100	100
③	20	100
④	20	120
⑤	20	20

【解答】 ④

【解説】 ここで、出力信号を $x_1(t) = \sin 2\pi f_1 t$、$x_2(t) = \sin 2\pi f_2 t$（f_1：10 kHz、f_2：50 kHz）とすると、下記の（1）と（2）公式を使って、$\{x_1 * x_2\}(t)$ は、次のようになる。

(1) $\sin\alpha\sin\beta = -\dfrac{1}{2}\{\cos(\alpha+\beta) - \cos(\alpha-\beta)\}$

(2) $\cos(\alpha+\beta) = \cos\alpha\cos\beta - \sin\alpha\sin\beta$

$$\int_{-\infty}^{\infty} x_2(T)x_1(t-T)\,dT = \int_{-\infty}^{\infty}\sin 2\pi f_2 T \sin 2\pi f_1(t-T)\,dT$$

$$= -\frac{1}{2}\int_{-\infty}^{\infty}\cos 2\pi\{(f_2-f_1)T + f_1 t\}\,dT + \frac{1}{2}\int_{-\infty}^{\infty}\cos 2\pi\{(f_2+f_1)T - f_1 t\}\,dT$$

$$= -\frac{1}{2}\int_{-\infty}^{\infty}\{\cos 2\pi(f_2-f_1)T\cos 2\pi f_1 t - \sin 2\pi(f_2-f_1)T\sin 2\pi f_1 t\}\,dT$$

$$\quad + \frac{1}{2}\int_{-\infty}^{\infty}\cos 2\pi\{(f_2+f_1)T\cos(-2\pi f_1 t) - \sin 2\pi(f_2+f_1)T\sin(-2\pi f_1 t)\}\,dT$$

$$= -\frac{1}{2}\int_{-\infty}^{\infty}\{\cos 2\pi(f_2-f_1)T\cos 2\pi f_1 t - \sin 2\pi(f_2-f_1)T\sin 2\pi f_1 t\}\,dT$$

$$\quad + \frac{1}{2}\int_{-\infty}^{\infty}\{\cos 2\pi(f_2+f_1)T\cos 2\pi f_1 t + \sin 2\pi(f_2+f_1)T\sin 2\pi f_1 t\}\,dT$$

$$= -\frac{1}{2}\cos 2\pi f_1 t\int_{-\infty}^{\infty}\{\cos 2\pi(f_2-f_1)T\}\,dT + \frac{1}{2}\sin 2\pi f_1 t\int_{-\infty}^{\infty}\{\sin 2\pi(f_2-f_1)T\}\,dT$$

$$\quad + \frac{1}{2}\cos 2\pi f_1 t\int_{-\infty}^{\infty}\{\cos 2\pi(f_2+f_1)T\}\,dT + \frac{1}{2}\sin 2\pi f_1 t\int_{-\infty}^{\infty}\{\sin 2\pi(f_2+f_1)T\}\,dT$$

$$= -\frac{1}{2}\mathrm{A}\cos 2\pi f_1 t + \frac{1}{2}\mathrm{B}\sin 2\pi f_1 t + \frac{1}{2}\mathrm{C}\cos 2\pi f_1 t + \frac{1}{2}\mathrm{D}\sin 2\pi f_1 t$$

積分の部分（A, B, C, D）を定数にみなすと、この信号に含まれる最高周波数成分は f_1 の 10 kHz であるので、サンプリング周波数はその2倍の「20」Hz（アの答え）になる。

ここで、出力信号を $x_1(t) = \sin 2\pi f_1 t$、$x_2(t) = \sin 2\pi f_2 t$ とすると、その

積は次のようになる。

$$x_2(t)x_1(t) = \sin 2\pi f_2 t \sin 2\pi f_1 t = -\frac{1}{2}\cos 2\pi (f_2 + f_1)t + \frac{1}{2}\cos 2\pi (f_2 - f_1)t$$

$f_1 = 10$ kHz、$f_2 = 50$ kHz であるので、$f_2 + f_1 = 60$ kHz であり、$f_2 - f_1$ $= 40$ kHz である。これより、この出力信号に含まれる最高周波数成分は 60 kHz になるので、サンプリング周波数はその 2 倍の「120」Hz（イの答え）になる。

したがって、④が正答である。

○　多元接続方式に関する次の記述のうち、不適切なものはどれか。

(R3 − 30)

① TDMA（Time−Division Multiple Access）では、共有する伝送路を一定の時間間隔で区切り、それぞれの通信局が割り当てられた順番で使用することで同時接続を実現する。

② CDMA（Code−Division Multiple Access）では、通信局ごとに異なる搬送波周波数を用いて同一の拡散符号でスペクトル拡散を行い同時接続する。

③ FDMA（Frequency−Division Multiple Access）は、TDMA と併用されることのある多元接続方式である。

④ OFDMA（Orthogonal Frequency−Division Multiple Access）は、OFDM に基づくアクセス方式であり、通信局ごとに異なるサブキャリアを割り当てることで多元接続を実現する。

⑤ CSMA（Carrier−Sense Multiple Access）は、1 つのチャネルを複数の通信局が監視し、他局が使用していないことを確認した後でそのチャネルを使う方法である。

【解答】　②

【解説】①TDMA は時分割多元接続方式であり、同じ周波数の電波を、時間を分割して複数の基地局が共有して利用する方式であるので、適切な記述である。

②CDMAは符号分割多元接続で、周波数帯域を分割することなく、広い帯域の周波数を隣接する通信局が共有する方式であるので、不適切な記述である。

③FDMAは、周波数分割多元接続方式であり、周波数を一定間隔の独立した周波数チャネルにして利用するもので、周波数チャネルをTDMAで複数の基地局が利用することも可能である。そのため、TDMAと併用されることもあるので、適切な記述である。

④OFDMAは、直交周波数分割多重（OFDM）に基づいてフーリエ変換によって分割した複数の搬送波（サブキャリア）を、それぞれ異なるユーザーに割り当てることで同一の周波数上で多元接続を実現するので、適切な記述である。

⑤CSMAは搬送波検出多重アクセス方式で、他局が使用していないことを確認した後にそのチャネルを使う方法であるので、適切な記述である。

なお、平成30年度試験において、同一の問題が出題されている。

○　無線LANなどで使われるCSMA（Carrier Sense Multiple Access）に関する次の記述の、　　　　に入る語句の組合せとして、最も適切なものはどれか。　　　　　　　　　　　　　　　　　　　　　　　　（R2−30）

CSMAは各端末で　ア　すべき　イ　が発生した時、他の端末が　ア　していないかどうかを確認し、他の端末からの信号が検出されなければ、　ア　を行う。一方、他の端末からの信号を検出した場合、他端末の　ウ　を待って、　ア　を行う。

	ア	イ	ウ
①	受信	データ	送信終了
②	送信	データ	送信終了
③	同期	時間ずれ	同期終了
④	同期	時間ずれ	タイミング変更
⑤	受信	データ	受信終了

【解答】　②

【解説】CSMA は、日本語では「搬送検出多元接続方式」であり、データの
　　　　送信を行う前に、他局がデータ送信を使用していないことを確認した後
　　　　に、送信を行う方式である。そのため、アは「送信」イは「データ」と
　　　　なる。他局が送信していた場合には、送信の終了を待って自局が送信を
　　　　するので、ウは「送信終了」である。

　　　　　したがって、送信－データ－送信終了となるので、③が正答である。

○　OFDM（Orthogonal Frequency Division Multiplexing：直交周波数
　　分割多重）の特徴に関する記述のうち、最も適切なものはどれか。

　　　　　　　　　　　　　　　　　　　　　　　　　　　　　　　（R2 － 32）

①　シングルキャリア変調方式の一つであり、マルチパス妨害に強い特
　　徴がある。

②　多値変調の一種であり、同じタイムスロット内に多数の情報を送出
　　する事が出来る。

③　信号のスペクトルを拡散する方式であり、電力密度が極端に低くな
　　るため、他の通信システムへの干渉を小さくできる。

④　マルチキャリア変調方式の一つであるが、技術的にマルチパス妨害
　　に強くすることはできない特徴がある。

⑤　ガードインターバル期間を付加することが可能であるため、マルチ
　　パス妨害の影響が軽減される。

【解答】　⑤

【解説】①OFDM は、搬送波の周波数を分割して複数の搬送波で伝送するマ
　　　　ルチキャリア方式を利用しているので、不適切な記述である。なお、
　　　　OFDM では各サブキャリアが直交しているので、マルチパス妨害に
　　　　強い特徴がある。

　　　　②多値変調は、1 つのシンボルに多くのビットを割り当てる方式であ
　　　　るが、OFDM は、直交周波数に分割して多重化するので、不適切な
　　　　記述である。

③スペクトル拡散方式は、元の信号の周波数帯域の何十倍も広い帯域に拡散して送信する方式であるが、OFDMは、直交周波数に分割して多重化するので、不適切な記述である。

④OFDMは、マルチキャリア方式を利用しており、各サブキャリアが直交しているので、マルチパス妨害に強い特徴がある。よって、不適切な記述である。

⑤ガードインターバルとは、反射波の影響で位相と振幅が複雑に変化する期間で、この期間を設けることで、マルチパスが想定されるガードインターバル期間のデータを無視できるので、マルチパス妨害の影響が軽減される。よって、適切な記述である。

3. 情報理論

○　下表に示すような4個の情報源シンボル s_1, s_2, s_3, s_4 からなる無記憶情報源がある。この情報源に対し、ハフマン符号によって二元符号化を行ったときに得られる平均符号長の値はどれか。なお、符号アルファベットは { 0, 1 } とする。 　　　　　　　　　　　　　　　　　　　　　　　　　　　(R4－26)

情報源シンボル	発生確率
s_1	0.5
s_2	0.2
s_3	0.2
s_4	0.1

①　1.8　　②　2.0　　③　1.4　　④　1.6　　⑤　2.2

【解答】　①

【解説】この符号を木で表すと次のようになる。

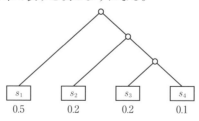

平均符号長は各符号の発生確率×符号の木のパス数の和であるので、次のようになる。

$$平均符号長 = 1 \times 0.5 + 2 \times 0.2 + 3 \times 0.2 + 3 \times 0.1$$
$$= 0.5 + 0.4 + 0.6 + 0.3 = 1.8$$

したがって、①が正答である。

なお、平成14年度、平成20年度、平成22年度、平成30年度および令和2年度試験で類似、平成26年度試験において同一の問題が出題されている。

○ 表に示すような4個の情報源シンボル s_1, s_2, s_3, s_4 からなる無記憶情報源がある。各情報源シンボルの発生確率は、表に示すとおりであるが、X, Y の値は各々正の未知定数である。この情報源に対し、ハフマン符号によって二元符号化を行ったときに得られる平均符号長として、最も近い値はどれか。 (R2 – 27)

情報源シンボル	発生確率
s_1	X
s_2	0.3
s_3	Y
s_4	0.4

① 1.5　　② 1.6　　③ 1.7　　④ 1.8　　⑤ 1.9

【解答】 ⑤

【解説】 ハフマン符号によって二元符号化は次のようになる。

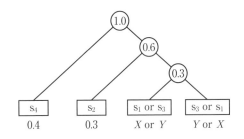

$X + Y = 1 - 0.4 - 0.3 = 0.3$

平均符号長 $= 1 \times 0.4 + 2 \times 0.3 + 3 \times (X + Y) = 0.4 + 0.6 + 0.9 = 1.9$

したがって、⑤が正答である。

なお、平成14年度、平成20年度、平成22年度、平成26年度および平成30年度試験において、類似の問題が出題されている。

○　下表は、5個の情報源シンボルs_1、s_2、s_3、s_4、s_5からなる無記憶情報源と、それぞれのシンボルの発生確率と、A〜Eまでの5種類の符号を示している。これらの符号のうち、「瞬時に復号可能」なすべての符号の集合をXとし、Xの中で平均符号長が最小な符号の集合をYとする。XとYの最も適切な組合せはどれか。　　　　　　　　　　　　　　　（R1再−27）

ただし、瞬時に復号可能とは、符号語系列を受信した際、符号語の切れ目が次の符号語の先頭部分を受信しなくても分かり、次の符号語を受信する前にその符号語を正しく復号できることをいう。

情報源シンボル	発生確率	符号 A	符号 B	符号 C	符号 D	符号 E
s_1	0.30	000	1	0	01	000
s_2	0.30	11	10	10	1	001
s_3	0.20	10	110	110	001	010
s_4	0.15	01	1110	1110	0001	011
s_5	0.05	00	1111	1111	0000	100

① $X = \{A, C, D, E\}$、$Y = \{C, D\}$
② $X = \{A, C, D, E\}$、$Y = \{A\}$
③ $X = \{C, D, E\}$、$Y = \{C, D, E\}$
④ $X = \{C, D, E\}$、$Y = \{C, D\}$
⑤ $X = \{B, C, D\}$、$Y = \{B, C\}$

【解答】　④

【解説】それぞれの符号を「符号の木」で表すと次のようになる。

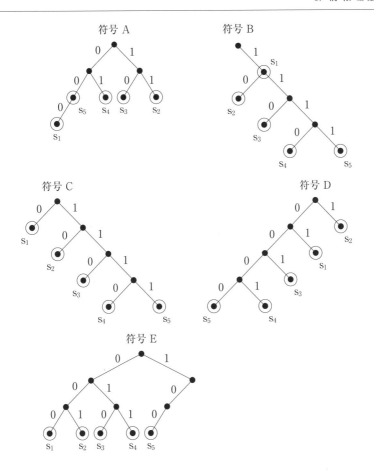

符号の木より、瞬時復号可能な符号（集合X）は、すべてが葉になっているC、D、Eであるのがわかる。

また、この3つの符号の平均符号長を計算すると、次のようになる。

符号C：$0.30 \times 1 + 0.30 \times 2 + 0.20 \times 3 + 0.15 \times 4 + 0.05 \times 4 = 2.3$

符号D：$0.30 \times 2 + 0.30 \times 1 + 0.20 \times 3 + 0.15 \times 4 + 0.05 \times 4 = 2.3$

符号E：$0.30 \times 3 + 0.30 \times 3 + 0.20 \times 3 + 0.15 \times 3 + 0.05 \times 3 = 3$

よって、平均符号長が最小なもの（集合Y）は、CとDになる。

したがって、④が正答である。

なお、平成16年度、平成17年度、平成19年度、平成21年度、平成23年度、平成24年度、平成25年度、平成28年度および令和元年度再試験

において、類似の問題が出題されている。

○　各々が0又は1の値を取る4個の情報ビット x_1, x_2, x_3, x_4 に対し、

$c_1 = (x_1 + x_2 + x_3) \bmod 2$

$c_2 = (x_2 + x_3 + x_4) \bmod 2$

$c_3 = (x_1 + x_2 + x_4) \bmod 2$

により、検査ビット c_1, c_2, c_3 を作り、符号語 $w = [x_1, x_2, x_3, x_4, c_1, c_2, c_3]$ を生成する $(7, 4)$ ハミング符号を考える。ある符号語 w を「高々1ビットが反転する可能性のある通信路」に対して入力し、出力である受信語 $y = [0, 1, 0, 1, 0, 1, 0]$ が得られたとき、入力された符号語 w として、適切なものはどれか。　　　　　　　　　　　　　　　　(R3－31)

①　$[0, 1, 0, 0, 1, 1, 1]$

②　$[0, 1, 0, 1, 1, 0, 0]$

③　$[0, 0, 1, 0, 1, 1, 0]$

④　$[0, 1, 1, 1, 0, 1, 0]$

⑤　$[0, 1, 0, 1, 0, 1, 1]$

【解答】　④

【解説】「高々1ビットが反転する可能性のある通信路」の受信語 $y = [0, 1, 0, 1, 0, 1, 0]$ の入力として可能性があるのは、④と⑤である。

　　　$c_1 = (x_1 + x_2 + x_3) \bmod 2$ で検証すると、⑤は $c_1 = 1$ にならなければいけないので、適切とはいえない。④は適切である。次に、④を $c_2 = (x_2 + x_3 + x_4) \bmod 2$ で検証すると問題ない。また、④を $c_3 = (x_1 + x_2 + x_4) \bmod 2$ で検証すると問題ない。

　　　したがって、④が正答である。

　　　なお、平成22年度、平成23年度、平成25年度、平成26年度および平成29年度試験において、類似の問題が出題されている。

○　パリティ検査行列 H が以下の行列で表される $(7, 4)$ ハミング符号を考える。符号化され、送信された符号語 $\mathbf{x}$ が、1ビット誤りの状況で受

信語 $\mathbf{y} = \{1,1,1,0,0,0,1\}$ と受信された。送信された符号語 $\mathbf{x}$ として、最も適切なものはどれか。 (R1 − 26)

$$H = \begin{bmatrix} 1 & 1 & 0 & 1 & 1 & 0 & 0 \\ 1 & 1 & 1 & 0 & 0 & 1 & 0 \\ 1 & 0 & 1 & 1 & 0 & 0 & 1 \end{bmatrix}$$

① $\mathbf{x} = \{0,1,1,0,0,0,1\}$

② $\mathbf{x} = \{1,0,1,0,0,0,1\}$

③ $\mathbf{x} = \{1,1,0,0,0,0,1\}$

④ $\mathbf{x} = \{1,1,1,1,0,0,1\}$

⑤ $\mathbf{x} = \{1,1,1,0,0,0,0\}$

【解答】 ③

【解説】 送信された正しい符号語 $\mathbf{x}$ の場合には、下記の式が成り立つ。

$$H\mathbf{x} = \begin{bmatrix} 0 \\ 0 \\ 0 \end{bmatrix}$$

①から⑤を $H\mathbf{x}$ で実際に計算すると、次のようになる。

① $\begin{bmatrix} 1 \\ 0 \\ 0 \end{bmatrix}$ ② $\begin{bmatrix} 1 \\ 0 \\ 1 \end{bmatrix}$ ③ $\begin{bmatrix} 0 \\ 0 \\ 0 \end{bmatrix}$ ④ $\begin{bmatrix} 1 \\ 1 \\ 0 \end{bmatrix}$ ⑤ $\begin{bmatrix} 0 \\ 1 \\ 0 \end{bmatrix}$

したがって、③が正答である。

○ エントロピーに関する次の記述の、□□に入る式の組合せとして、最も適切なものはどれか。 (R4 − 24)

情報源アルファベット $\{ a_1, a_2, \cdots, a_M \}$ の記憶のない情報源を考える。$a_1, a_2, \cdots, a_M$ の発生確率を $p_1, p_2, \cdots, p_M$ とすれば、エントロピーは ア となる。エントロピーは負にはならない。エントロピーが最大となるのは、$p_1 = p_2 = \cdots = p_M = 1 / M$ のときであり、このとき、エントロピーは イ となる。

	ア	イ
①	$\displaystyle\sum_{i=1}^{M} p_i \log_2 p_i$	$-\log_2 M$
②	$\displaystyle-\sum_{i=1}^{M} p_i \log_2 p_i$	$\dfrac{1}{M}\log_2 M$
③	$\displaystyle-\sum_{i=1}^{M} p_i \log_2 p_i$	$\dfrac{-1}{M}\log_2 M$
④	$\displaystyle-\sum_{i=1}^{M} p_i \log_2 p_i$	$\log_2 M$
⑤	$\displaystyle\sum_{i=1}^{M} p_i \log_2 p_i$	$\log_2 M$

【解答】　④

【解説】すべての事象の平均的な情報量を、平均情報量（エントロピー）とい
い、すべての事象の発生確率と事象の情報量の積の和であるので、次の
式で表せる。

$$\text{平均情報量 } H = -\sum_{i=1}^{M} p_i \log_2 p_i \quad \cdots\cdots\text{（アの答え）}$$

発生確率は、$0 < p_1,\ p_2,\ \cdots,\ p_M < 1$ であるので、問題文のとおり、エン
トロピーは負にはならない。

また、最大平均情報量（$H_{\max}$）は、事象の個数 M を使って、以下の式
で求められる。

$$H_{\max} = -\sum_{i=1}^{M} \frac{1}{M} \log_2 \frac{1}{M} = -\left(\frac{1}{M}\log_2 M^{-1}\right) \times M = -\log_2 M^{-1}$$
$$= \log_2 M \quad \cdots\cdots\text{（イの答え）}$$

したがって、④が正答である。

なお、平成27年度および平成30年度試験において、同一の問題が出題
されている。

○　六面体のサイコロの各面に数字1から6が割り振られている。サイコロ
を振ったとき、それぞれの面が出る確率を $p_1,\ p_2,\ ...,\ p_6$ とする。1回振る

ときのエントロピーが最も大きくなるようにサイコロを作製した場合、そのエントロピーの値に最も近い値はどれか。ただし $\log_2 3 = 1.58$ とする。 (R4－25)

① 0.17 　② 0.43 　③ 2.58 　④ 1.00 　⑤ 7.78

【解答】 ③

【解説】エントロピーが最も大きくなるようにした場合のサイコロのそれぞれの面が出る確率は、 $p_1 = p_2 = p_3 = p_4 = p_5 = p_6 = \dfrac{1}{6}$ であるので、平均情報量（エントロピー） H は次の式で求められる。

$$H = -\sum_{i=1}^{6} (p_i \log_2 p_i) = -\left(\frac{1}{6}\log_2 \frac{1}{6}\right) \times 6 = -\log_2 6^{-1} = \log_2 6$$

$$\log_2 6 = \log_2(2 \times 3) = \log_2 2 + \log_2 3 = 1 + 1.58 = 2.58$$

したがって、③が正答である。

なお、平成28年度および令和元年度試験において、類似の問題が出題されている。

○ 下図のような2元対称通信路に関する説明文で、 □□□□ に入る数式及び語句の組合せとして、適切なものはどれか。 (R3－26)

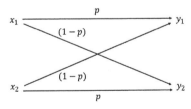

ただし、送信シンボル x_1、x_2 の発生確率をそれぞれ q、$(1-q)$ とし、 p、$(1-p)$ は条件付き確率で、

$$p = p(y_1 \mid x_1) = p(y_2 \mid x_2)$$
$$1 - p = p(y_2 \mid x_1) = p(y_1 \mid x_2)$$

とする。また log はすべて2を底とする対数 $\log_2$ を表すものとする。

「送信シンボル x_1 の持つ情報量は　ア　で与えられ、

$-q \log q - (1-q) \log (1-q)$ は、送信情報源の　イ　を表す。一方、

伝送される送信シンボルの発生確率を $q = 0.5$ とした場合、伝送される

正味の情報量は　ウ　である。」

	ア	イ	ウ
①	$-\log q$	エントロピー	$1 - p \log p$
②	$-q \log q$	エントロピー	$1 + p \log p + (1-p) \log (1-p)$
③	$-\log q$	エントロピー	$1 + p \log p + (1-p) \log (1-p)$
④	$-q \log q$	相互情報量	$1 + p \log p + (1-p) \log (1-p)$
⑤	$-q \log q$	相互情報量	$1 - p \log p$

【解答】　③

【解説】発生確率から、送信シンボル x_1 の持つ情報量＝「$-\log q$」である（アの答え）。

送信情報源のエントロピーは、次の式で求められる。

$$x_1 \log \frac{1}{x_1} + x_2 \log \frac{1}{x_2} = q \log \frac{1}{q} + (1-q) \log \frac{1}{1-q}$$
$$= -q \log q - (1-q) \log(1-q)$$

よって、イは「エントロピー」である。

$q = 0.5$ のとき、送信情報量は次のようになる。

$-0.5 \log 0.5 - (1 - 0.5) \log(1 - 0.5)$

$= -0.5 \log 2^{-1} - 0.5 \log 2^{-1} = 0.5 + 0.5 = 1$

また、散布度のエントロピーは次の式で求められる。

$$x_1 \left\{ p \log \frac{1}{p} + (1-p) \log \frac{1}{1-p} \right\} + x_2 \left\{ (1-p) \log \frac{1}{1-p} + p \log \frac{1}{p} \right\}$$
$$= x_1 \left\{ -p \log p - (1-p) \log(1-p) \right\} + x_2 \left\{ -(1-p) \log(1-p) - p \log p \right\}$$
$$= q \left\{ -p \log p - (1-p) \log(1-p) \right\} + (1-q) \left\{ -(1-p) \log(1-p) - p \log p \right\}$$
$$= -qp \log p - q(1-p) \log(1-p) - (1-p) \log(1-p) - p \log p$$
$$\quad + q(1-p) \log(1-p) + qp \log p$$
$$= -p \log p - (1-p) \log(1-p)$$

ウの正味の情報量は、送信情報量から散布度を引くことで求められるので、次のようになる。

$$1 - \left\{ -p \log p - (1-p) \log(1-p) \right\} = 1 + p \log p + (1-p) \log(1-p)$$

…… （ウの答え）

したがって、③が正答である。

なお、平成18年度試験において、類似の問題が出題されている。

○ エルゴード性を持つマルコフ情報源が、3つの状態A、状態B、状態Cからなり、下図に示す遷移図を持つものとする。このとき、状態Aの定常確率P_A、状態Bの定常確率P_B、状態Cの定常確率P_Cの組合せとして、最も適切なものはどれか。　　　　　　　　　　　　　　（R2－26）

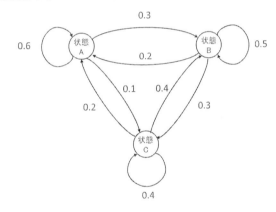

① $P_A = \dfrac{1}{5}$、$P_B = \dfrac{2}{5}$、$P_C = \dfrac{2}{5}$

② $P_A = \dfrac{1}{4}$、$P_B = \dfrac{5}{16}$、$P_C = \dfrac{7}{16}$

③ $P_A = \dfrac{1}{3}$、$P_B = \dfrac{11}{27}$、$P_C = \dfrac{7}{27}$

④ $P_A = \dfrac{1}{2}$、$P_B = \dfrac{3}{8}$、$P_C = \dfrac{1}{8}$

⑤ $P_A = \dfrac{1}{3}$、$P_B = \dfrac{1}{3}$、$P_C = \dfrac{1}{3}$

【解答】　③

【解説】この状態では、次の式が成り立つ。

$$P_A = P(A \mid A)P_A + P(A \mid B)P_B + P(A \mid C)P_C \quad \cdots\cdots (1)$$

$$P_B = P(B \mid A)P_A + P(B \mid B)P_B + P(B \mid C)P_C \quad \cdots\cdots (2)$$

$$P_C = P(C \mid A)P_A + P(C \mid B)P_B + P(C \mid C)P_C \quad \cdots\cdots (3)$$

$$P_A + P_B + P_C = 1 \qquad\qquad\qquad\qquad \cdots\cdots (4)$$

$$P_A = 0.6P_A + 0.2P_B + 0.2P_C \quad \cdots\cdots (1)'$$

$$P_B = 0.3P_A + 0.5P_B + 0.4P_C \quad \cdots\cdots (2)'$$

$$P_C = 0.1P_A + 0.3P_B + 0.4P_C \quad \cdots\cdots (3)'$$

$$2P_A = P_B + P_C \qquad \cdots\cdots (1)''$$

$$5P_B = 3P_A + 4P_C \quad \cdots\cdots (2)''$$

$$6P_C = P_A + 3P_B \quad \cdots\cdots (3)''$$

$$P_C = 1 - P_A - P_B \quad \cdots\cdots (4)'$$

式 (4)′ を式 (1)″ と式 (2)″ に代入すると次のようになる。

$$2P_A = P_B + 1 - P_A - P_B \qquad\qquad\qquad \cdots\cdots (1)'''$$

$$3\,P_A = 1$$

$$P_A = \frac{1}{3}$$

$$5P_B = 3P_A + 4(1 - P_A - P_B) = 4 - P_A - 4P_B \quad \cdots\cdots (2)'''$$

$$9P_B = 4 - P_A = 4 - \frac{1}{3} = \frac{11}{3}$$

$$P_B = \frac{11}{27}$$

$$P_C = 1 - \frac{1}{3} - \frac{11}{27} = \frac{7}{27}$$

したがって、③が正答である。

なお、平成29年度および令和元年度再試験において、類似の問題が出題されている。

4. 信号解析

○ 時間幅τ、振幅$1/\tau$の孤立矩形パルス$g(t)$のフーリエ変換$G(f)$は、
$G(f) = \dfrac{\sin(\pi f\tau)}{\pi f\tau}$と表される。

一方、フーリエ変換には伸縮性があり、$g(t)$とそのフーリエ変換$G(f)$の関係を$F\left[g(t)\right] = G(f)$と表すとき、伸縮の比率を$\alpha$として

$F\left[g(\alpha t)\right] = \dfrac{1}{|\alpha|} G\left(\dfrac{f}{\alpha}\right)$の関係が成立する。

そこで、孤立矩形パルス$g(t)$に対して、時間幅を$\dfrac{1}{4}$、振幅を4倍とした孤立矩形パルスを$g'(t)$とするとき、$g'(t)$のフーリエ変換として、最も適切なものはどれか。 (R4－27)

① $\dfrac{\sin(\pi f\tau)}{\pi f\tau}$　　② $\dfrac{4\sin\left(\dfrac{\pi f\tau}{4}\right)}{\pi f\tau}$　　③ $\dfrac{\sin(2\pi f\tau)}{2\pi f\tau}$

④ $\dfrac{4\sin\left(\dfrac{\pi f\tau}{2}\right)}{\pi f\tau}$　　⑤ $\dfrac{\sin(2\pi f\tau)}{4\pi f\tau}$

【解答】 ②

【解説】 $g'(t)$は$g(t)$の時間幅を$\dfrac{1}{4}$、振幅を4倍にしたものであるので、問題文で$\alpha = 4$と考えればよい。よって、次の式から求められる。

$$g'(t) = 4g(4t)$$
$$F\left[4g(4t)\right] = G\left(\dfrac{f}{4}\right) = \dfrac{\sin\left(\pi \dfrac{f}{4}\tau\right)}{\pi \dfrac{f}{4}\tau} = \dfrac{4\sin\left(\dfrac{\pi f\tau}{4}\right)}{\pi f\tau}$$

したがって、②が正答である。

なお、平成28年度試験において、類似の問題が出題されている。

217

○　フーリエ変換に関する次の記述の、　□　に入る式の組合せとして、最も適切なものはどれか。　　　　　　　　　　　　　　　　　　　(R4－28)

ただし、フーリエ変換は以下の式で定義されるものとする。

$$F(\omega) = \int_{-\infty}^{\infty} f(t)e^{-i\omega t}dt$$

時間領域の信号 $f_1(t) = \exp(-|t|)$ のフーリエ変換対は、　ア　で与えられる。別の時間領域の信号 $f_2(t)$ のフーリエ変換対を $F_2(\omega)$ としたとき、$f_1(t) + 2f_2(t)$ のフーリエ変換対は、　イ　と与えられる。

	ア	イ
①	$F_1(\omega) = \dfrac{2}{\omega^2+1}$	$\dfrac{2}{\omega^2+1} + F_2(\omega)$
②	$F_1(\omega) = \dfrac{1}{\omega}$	$\dfrac{1}{\omega} + 2F_2(\omega)$
③	$F_1(\omega) = \dfrac{4}{\omega+1}$	$\dfrac{4}{\omega+1} + F_2(\omega)$
④	$F_1(\omega) = \dfrac{2}{\omega^2+1}$	$\dfrac{2}{\omega^2+1} + 2F_2(\omega)$
⑤	$F_1(\omega) = \dfrac{2}{\omega}$	$\dfrac{2}{\omega} + F_2(\omega)$

【解答】　④

【解説】　$f_1(t)$ のフーリエ変換対は次の式となる。

$$\begin{aligned}
F_1(\omega) &= \int_{-\infty}^{\infty} f_1(t)e^{-i\omega t}dt = \int_{-\infty}^{\infty} f\left(e^{-|t|}e^{-i\omega t}\right)dt = \int_{-\infty}^{0} e^{(1-i\omega)t}dt + \int_{0}^{\infty} e^{-(1-i\omega)t}dt \\
&= \left[\frac{1}{1-i\omega}e^{(1-i\omega)t}\right]_{-\infty}^{0} - \left[\frac{1}{1+i\omega}e^{-(1+i\omega)t}\right]_{0}^{\infty} = \frac{1}{1-i\omega} + \frac{1}{1+i\omega} \\
&= \frac{1+i\omega+1-i\omega}{1+\omega^2} \\
&= \frac{2}{\omega^2+1} \quad \cdots\cdots（アの答え）
\end{aligned}$$

$$\begin{aligned}
F(\omega) &= \int_{-\infty}^{\infty}\left(f_1(t)+2f_2(t)\right)e^{-i\omega t}dt = \int_{-\infty}^{\infty} f_1(t)e^{-i\omega t}dt + 2\int_{-\infty}^{\infty} f_2(t)e^{-i\omega t}dt \\
&= \frac{2}{\omega^2+1} + 2F_2(\omega) \quad \cdots\cdots（イの答え）
\end{aligned}$$

したがって、④が正答である。

なお、平成18年度、平成19年度および平成30年度試験において、類似の問題が出題されている。

○　長さNの離散信号$\{x(n)\}$の離散フーリエ変換（DFT：Discrete Fourier Transform）$X(k)$は、次式のように表される。ただし、jは虚数単位を表す。

$$X(k) = \sum_{n=0}^{N-1} x(n)e^{-j\frac{2\pi nk}{N}}、\ k = 0, 1, \cdots, N-1$$

$\{x(n)\}$が次式のように与えられた場合、離散フーリエ変換$X(k)$を計算した結果として、適切なものはどれか。　　　　　　　　　　　　　(R3−27)

$$x(n) = \begin{cases} 1, & n = 0, 1, N-1 \\ 0, & 2 \leq n \leq N-2 \end{cases}$$

① $\quad 1 - 2\cos\dfrac{2\pi}{N}k$　　　② $\quad 1 + 2\cos\dfrac{2\pi}{N}k$　　　③ $\quad 2 - 2\cos\dfrac{2\pi}{N}k$

④ $\quad 1 + 2\sin\dfrac{2\pi}{N}k$　　　⑤ $\quad 2 - 2\sin\dfrac{2\pi}{N}k$

【解答】　②

【解説】　$n = 0, 1, N-1$のとき$x(n) = 1$より、$X(k)$は以下のようになる。

$$X(k) = 1 + e^{-j\frac{2\pi}{N}k} + e^{-j\frac{2\pi(N-1)}{N}k} = 1 + e^{-j\frac{2\pi}{N}k} + e^{-j2\pi k}e^{j\frac{2\pi}{N}k}$$

$$= 1 + e^{-j\frac{2\pi}{N}k} + e^{j\frac{2\pi}{N}k}$$

$$= 1 + \cos\frac{2\pi}{N}k - j\sin\frac{2\pi}{N}k + \cos\frac{2\pi}{N}k + j\sin\frac{2\pi}{N}k$$

$$= 1 + 2\cos\frac{2\pi}{N}k$$

したがって、②が正答である。

注）$\ e^{-j2\pi k} = \cos 2\pi k - j\sin 2\pi k = 1$

なお、平成16年度試験、平成21年度および平成25年度試験において類似、平成17年度および平成27年度試験において同一の問題が出題されている。

○ 連続信号 $f(t)$ （$-\infty < t < \infty$）のフーリエ変換は、

$$F(\omega) = \int_{t=-\infty}^{t=\infty} f(t)e^{-j\omega t}dt$$

で定義される。ただし、j は虚数単位である。いま正なる値 T に対して、
信号 $f(t)$ が

$$f(t) = \begin{cases} 1/T & -T \leq t \leq T \\ 0 & t < -T,\ t > T \end{cases}$$

であるとき、信号 $f(t)$ のフーリエ変換 $F(\omega)$ として、最も適切なもの
はどれか。 (R1-29)

① $\dfrac{\sin \omega T}{2\omega T}$ ② $\dfrac{\cos \omega T}{\omega T}$ ③ $\dfrac{2\cos \omega T}{\omega T}$

④ $\dfrac{2\sin \omega T}{\omega T}$ ⑤ $\dfrac{\sin \omega T}{\omega T}$

【解答】 ④

【解説】信号 $f(t)$ は方形パルスになるので、フーリエ変換 $F(\omega)$ は次のよう
に表せる。

$$F(\omega) = \int_{-T}^{T} \frac{1}{T} e^{-j\omega t}dt = -\frac{1}{j\omega T}\left[e^{-j\omega t}\right]_{-T}^{T}$$

$$= \frac{1}{j\omega T}\left(-e^{-j\omega T} + e^{j\omega T}\right)$$

$e^{-j\omega k} = \cos \omega k - j\sin \omega k$ より、

$$F(\omega) = \frac{1}{j\omega T}\left\{-\cos \omega T + j\sin \omega T + \cos(-\omega T) - j\sin(-\omega T)\right\}$$

$$= \frac{1}{j\omega T}\left(-\cos \omega T + j\sin \omega T + \cos \omega T + j\sin \omega T\right)$$

$$= \frac{1}{j\omega T} \times 2j\sin \omega T = \frac{2\sin \omega T}{\omega T} = ④$$

したがって、④が正答である。

なお、平成26年度試験において同一、平成22年度試験において類似
の問題が出題されている。

長さ N の離散信号 $\{x(n)\}$ の離散フーリエ変換 $X(k)$ は次式のように表される。ただし、j は虚数単位を表す。

$$X(k) = \sum_{n=0}^{N-1} x(n) e^{-j\frac{2\pi nk}{N}}\ 、\ (k = 0,\ 1,\ \dots,\ N-1)$$

ここで、$N = 6$ として、$[x(0),\ x(1),\ x(2),\ x(3),\ x(4),\ x(5)] = [1,\ 0,\ 1,\ 0,\ -1,\ 0]$ の場合、離散フーリエ変換、$[X(0),\ X(1),\ X(2),\ X(3),\ X(4),\ X(5)]$ を計算した結果として、最も適切なものはどれか。

(R1再－28)

① $\left[1, 0, \dfrac{-1+j\sqrt{3}}{2}, 0, \dfrac{1-j\sqrt{3}}{2}, 0 \right]$

② $\left[1, 0, \dfrac{1-j\sqrt{3}}{2}, 0, \dfrac{-1+j\sqrt{3}}{2}, 0 \right]$

③ $\left[1, 1+j\sqrt{3}, 1-j\sqrt{3}, 1, 1+j\sqrt{3}, 1-j\sqrt{3} \right]$

④ $\left[1, 1-j\sqrt{3}, 1+j\sqrt{3}, 1, 1-j\sqrt{3}, 1+j\sqrt{3} \right]$

⑤ $\left[1, 0, 1, 0, -1, 0 \right]$

【解答】 ④

【解説】 $N = 6$、$[x(0),\ x(1),\ x(2),\ x(3),\ x(4),\ x(5)] = [1,\ 0,\ 1,\ 0,\ -1,\ 0]$ であるので、$X(k)$ は次のように書き換えられる。

$$X(k) = e^0 + e^{-j\frac{4\pi k}{6}} - e^{-j\frac{8\pi k}{6}} = 1 + e^{-j\frac{2\pi k}{3}} - e^{-j\frac{4\pi k}{3}}$$

$$= 1 + \left(\cos\frac{2}{3}\pi k - j\sin\frac{2}{3}\pi k \right) - \left(\cos\frac{4}{3}\pi k - j\sin\frac{4}{3}\pi k \right)$$

$$X(0) = 1 + \left(\cos 0 - j\sin 0 \right) - \left(\cos 0 - j\sin 0 \right) = 1 + 1 - 1 = 1$$

$$X(1) = 1 + \left(\cos\frac{2}{3}\pi - j\sin\frac{2}{3}\pi \right) - \left(\cos\frac{4}{3}\pi - j\sin\frac{4}{3}\pi \right)$$

$$= 1 - \frac{1}{2} - j\frac{\sqrt{3}}{2} + \frac{1}{2} - j\frac{\sqrt{3}}{2} = 1 - j\sqrt{3}$$

$$X(2) = 1 + \left(\cos\frac{4}{3}\pi - j\sin\frac{4}{3}\pi\right) - \left(\cos\frac{8}{3}\pi - j\sin\frac{8}{3}\pi\right)$$

$$= 1 - \frac{1}{2} + j\frac{\sqrt{3}}{2} + \frac{1}{2} + j\frac{\sqrt{3}}{2} = 1 + j\sqrt{3}$$

$$X(3) = 1 + \left(\cos 2\pi - j\sin 2\pi\right) - \left(\cos 4\pi - j\sin 4\pi\right)$$

$$= 1 + 1 - 1 = 1$$

$$X(4) = 1 + \left(\cos\frac{8}{3}\pi - j\sin\frac{8}{3}\pi\right) - \left(\cos\frac{16}{3}\pi - j\sin\frac{16}{3}\pi\right)$$

$$= 1 - \frac{1}{2} - j\frac{\sqrt{3}}{2} + \frac{1}{2} - j\frac{\sqrt{3}}{2} = 1 - j\sqrt{3}$$

$$X(5) = 1 + \left(\cos\frac{10}{3}\pi - j\sin\frac{10}{3}\pi\right) - \left(\cos\frac{20}{3}\pi - j\sin\frac{20}{3}\pi\right)$$

$$= 1 - \frac{1}{2} + j\frac{\sqrt{3}}{2} + \frac{1}{2} + j\frac{\sqrt{3}}{2} = 1 + j\sqrt{3}$$

したがって、④が正答である。

なお、平成24年度試験において同一、平成23年度および平成29年度試験において類似の問題が出題されている。

○　時間領域の信号 $f_1(t)$ 及び $f_2(t)$ の二つの信号の畳み込み $f(t)$ は

$$f(t) = \int_{-\infty}^{\infty} f_1(x)f_2(t-x)\,dx$$

と定義され、記号的に $f(t) = f_1(t) * f_2(t)$ と表される。また周波数領域の信号 $F_1(\omega)$ 及び $F_2(\omega)$ の二つの信号の畳み込み $F(\omega)$ は

$$F(\omega) = \int_{-\infty}^{\infty} F_1(x)F_2(\omega-x)\,dx$$

と定義され、記号的に $F(\omega) = F_1(\omega) * F_2(\omega)$ と表される。二つの信号の畳み込みに関する次の記述のうち、最も不適切なものはどれか。

(R2 - 29)

①　時間領域の信号 $f_1(t)$、$f_2(t)$ 及び $f_3(t)$ について、

$$(f_1(t) * f_2(t)) * f_3(t) = f_1(t) * (f_2(t) * f_3(t))$$

が成り立つ。

②　畳み込みは順序を入れ替えても結果は等しくなる。すなわち

$$f_1(t) * f_2(t) = f_2(t) * f_1(t)$$ である。

③　$f_1(t) * f_2(t)$ をフーリエ変換すると、それぞれの時間領域信号をフー

222

リエ変換した関数 $F_1(\omega)$ 及び $F_2(\omega)$ の畳み込み $F_1(\omega) * F_2(\omega)$ となる。

④ 単位インパルス関数 $\delta(t)$ と関数 $g(t)$ との畳み込みは $g(t)$ そのものとなる。

⑤ 周波数領域の畳み込み $F_1(\omega) * F_2(\omega)$ のフーリエ逆変換はそれぞれの周波数領域信号をフーリエ逆変換した関数 $f_1(t)$ 及び $f_2(t)$ の積に 2π を掛けた値 $2\pi f_1(t) f_2(t)$ となる。

【解答】 ③

【解説】① $\big(f_1(t) * f_2(t)\big) * f_3(t) = \int_{-\infty}^{\infty} \left(\int_{-\infty}^{\infty} f_1(x) f_2(t-x) dx \right) f_3(s-t) dt$

$$= \int_{-\infty}^{\infty} \left(\int_{-\infty}^{\infty} f_1(x) f_2(t-x) f_3(s-t) dx \right) dt$$

$u = s - t$ とすると、$t = s - u$ より、

$$= \int_{-\infty}^{\infty} f_1(x) \int_{\infty}^{-\infty} f_2(s-x-u) f_3(u)(-du) dx$$

$$= \int_{-\infty}^{\infty} f_1(x) \int_{-\infty}^{\infty} f_2(s-x-u) f_3(u) du dx$$

$$= \int_{-\infty}^{\infty} f_1(x) \left(\int_{-\infty}^{\infty} f_2(s-x-u) f_3(u) du \right) dx$$

$$= f_1(t) * \big(f_2(t) * f_3(t)\big)$$

よって、適切な記述である。

② $f_1(t) * f_2(t) = \int_{-\infty}^{\infty} f_1(x) f_2(t-x) dx$

$s = t - x$ とすると、$x = t - s$ より、

$$= \int_{\infty}^{-\infty} f_1(t-s) f_2(s)(-ds) = \int_{-\infty}^{\infty} f_1(t-s) f_2(s) ds = \int_{-\infty}^{\infty} f_2(s) f_1(t-s) ds$$

$$= f_2(t) * f_1(t)$$

よって、適切な記述である。

③ $\int_{-\infty}^{\infty} \big(f_1(t) * f_2(t)\big) e^{-j\omega t} dt = \int_{-\infty}^{\infty} \left(\int_{-\infty}^{\infty} f_1(x) f_2(t-x) \right) e^{-j\omega t} dt$

$$= \int_{-\infty}^{\infty} f_1(x) \left(\int_{-\infty}^{\infty} f_2(t-x) e^{-j\omega x} e^{-j\omega(t-x)} dt \right) dx$$

$$= \left(\int_{-\infty}^{\infty} f_1(x) e^{-j\omega x} dx \right) \left(\int_{-\infty}^{\infty} f_2(t-x) e^{-j\omega(t-x)} dt \right)$$

$$= F_1(\omega) F_2(\omega) \neq F_1(\omega) * F_2(\omega)$$

よって、不適切な記述である。

④単位インパルス関数$\delta(t-x)$は$t=x$のとき$\delta(0)=\infty$、$t \neq x$のとき$\delta(t-x)=0$であるので、$\int_{-\infty}^{\infty}\delta(t-x)dx=1$である。よって、$\delta(t)$と関数$g(t)$との畳み込みは次のようになる。

$$\int_{-\infty}^{\infty}g(x)\delta(t-x)dx = g(t)$$

よって、適切な記述である。

⑤$F_1(\omega) * F_2(\omega)$のフーリエ逆変換は次のようになる。

$$\frac{1}{2\pi}\int_{-\infty}^{\infty}F(\omega)e^{j\omega t}d\omega = \frac{1}{2\pi}\int_{-\infty}^{\infty}\left(\int_{-\infty}^{\infty}F_1(x)F_2(\omega-x)dx\right)e^{j\omega t}d\omega$$

$$= \frac{1}{2\pi}\int_{-\infty}^{\infty}F_1(x)e^{jxt}dx\int_{-\infty}^{\infty}F_2(\omega-x)e^{j(\omega-x)t}d\omega$$

$$= 2\pi\left(\frac{1}{2\pi}\int_{-\infty}^{\infty}F_1(x)e^{jxt}dx\right)\left(\frac{1}{2\pi}\int_{-\infty}^{\infty}F_2(\omega-x)e^{j(\omega-x)t}d\omega\right)$$

$$= 2\pi f_1(t)f_2(t)$$

よって、適切な記述である。

○　信号$f(t)$のフーリエスペクトルを$F(\omega)$とする。$f(t)$と$\exp(j\omega_0 t)$の積、$f(t)\exp(j\omega_0 t)$のフーリエスペクトルを表す式として、最も適切なものはどれか。　　　　　　　　　　　　　　　(H30－28)

①　$F(\omega)\cos(\omega-\omega_0)$

②　$F(\omega)\sin(\omega-\omega_0)$

③　$F(\omega)\exp\left\{j(\omega-\omega_0)\right\}$

④　$F(\omega-\omega_0)$

⑤　$\dfrac{F(\omega-\omega_0)-F(\omega+\omega_0)}{2}$

【解答】　④

【解説】　$f(t)\exp(j\omega_0 t)$のフーリエ変換は次の式で求められる。

$$\int_{-\infty}^{\infty}f(t)e^{j\omega_0 t}e^{-j\omega t}dt = \int_{-\infty}^{\infty}f(t)e^{-j\omega t+j\omega_0 t}dt$$
$$= \int_{-\infty}^{\infty}f(t)e^{-j(\omega-\omega_0)t}dt = F(\omega-\omega_0)$$

したがって、④が正答である。

○ 時間 t に関するデルタ関数は次のように定義される。

$$\int_{-\infty}^{\infty} f(t)\,\delta(t)\,dt = f(0)$$

ただし、$f(t)$ は連続関数で、$t \to \pm\infty$ では $|f(t)| \to 0$ となるような任意の関数とする。このときデルタ関数に関する式として、最も不適切なものはどれか。ただし、$\mathcal{F}\big[f(t)\big]$ は関数 $f(t)$ に対するフーリエ変換とする。

(H30 − 29)

① $\displaystyle\int_{-\infty}^{\infty} \delta(t)\,dt = 1$

② $\displaystyle\int_{-\infty}^{\infty} \delta(t - t_0)\,dt = 1$

③ $\mathcal{F}\big[\delta(t)\big] = 1$

④ $\displaystyle\int_{-\infty}^{\infty} f(t)\,\delta(t - t_0)\,dt = f(t_0)$

⑤ $\displaystyle\int_{-\infty}^{\infty} f(t)\,\delta(at)\,dt = |a|\,f(0)$

【解答】 ⑤

【解説】 デルタ関数とは、ある1点において密度が無限大で、それ以外では0となる関数であるので、ある1点を $t = 0$ とすると、次の性質を持つ。

$$\delta(t) = \begin{cases} \infty & (t = 0) \\ 0 & (t \neq 0) \end{cases}$$

①問題文の定義によると、任意の関数 $f(t)$ に対しても $f(0)$ となるということなので、関数 $f(t) = 1$ とすると、$\displaystyle\int_{-\infty}^{\infty} \delta(t)\,dt = f(0) = 1$ となる。よって、適切である。

②デルタ関数のある1点を $t = t_0$ とすると、定義の式は

$\displaystyle\int_{-\infty}^{\infty} f(t)\delta(t - t_0)\,dt = f(0)$ となり、①と同様の方式で、

$\displaystyle\int_{-\infty}^{\infty} \delta(t - t_0)\,dt = 1$ となる。よって、適切である。

③フーリエ変換式は $\mathcal{F}\big[\delta(t)\big] = \displaystyle\int_{-\infty}^{\infty} \delta(t)e^{-j\omega t}\,dt$ で表せるが、これは定義の式で、$f(t) = e^{-j\omega t}$ とした場合であるので、

$\mathcal{F}\big[\delta(t)\big] = f(0) = e^{-j\omega \times 0} = e^0 = 1$ である。よって、適切である。

④デルタ関数のある1点を $t = t_0$ とすると、定義の式は

$$\int_{-\infty}^{\infty} f(t)\,\delta(t - t_0)\,dt = f(t_0)$$ となる。よって、適切である。

⑤ $T = at$ $(a \neq 0)$ とすると、$t = \dfrac{T}{a}$、$dt = \dfrac{dT}{a}$ であるので、⑤の式は次のようになる。

$$\int_{-\infty}^{\infty} f(t)\,\delta(at)\,dt = \int_{-\infty}^{\infty} f\left(\frac{T}{a}\right)\delta(T)\frac{dT}{a} = \frac{1}{|a|}\int_{-\infty}^{\infty} f\left(\frac{T}{a}\right)\delta(T)\,dT = \frac{1}{|a|}f(0)$$

よって、不適切である。

○ 次式で示す方形波パルス $f(x)$ のフーリエ変換 $F(\omega)$ は図に示すように変換される。

$$f(x) = \begin{cases} 1 & (|x| \le d) \\ 0 & (|x| > d) \end{cases}$$

このとき、図中の 　　　　　 に入る $F(\omega) = 0$ となる ω の組合せのうち、最も適切なものはどれか。 (R2−28)

ただし、フーリエ変換は以下の式で定義されるものとする。

$$F(\omega) = \int_{-\infty}^{\infty} f(x)\,e^{-i\omega x}\,dx$$

	ア	イ
①	$\dfrac{1}{d}$	$-\dfrac{2}{d}$
②	$\dfrac{1}{d}$	$-\dfrac{3}{2d}$
③	$\dfrac{\pi}{d}$	$-\dfrac{2\pi}{d}$
④	$\dfrac{\pi}{d}$	$-\dfrac{3\pi}{d}$
⑤	$\dfrac{\pi}{d}$	$-\dfrac{\pi}{d}$

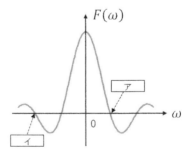

【解答】 ③

【解説】方形波の場合、フーリエ変換式は次のように表される。

$$F(\omega) = \int_{-\infty}^{\infty} f(x)e^{-i\omega x}dx = \int_{-d}^{d} e^{-i\omega x}dx = -\frac{1}{i\omega}\left[e^{-i\omega x}\right]_{-d}^{d}$$

$$= -\frac{1}{i\omega}e^{-i\omega d} + \frac{1}{i\omega}e^{i\omega d}$$

$$= -\frac{1}{i\omega}\cos\omega d + \frac{i}{i\omega}\sin\omega d + \frac{1}{i\omega}\cos\omega d + \frac{i}{i\omega}\sin\omega d$$

$$= \frac{2}{\omega}\sin\omega d = 0$$

（オイラーの公式： $e^{\pm iX} = \cos X \pm i\sin X$ ）

ア： $\omega d = \pi \quad \rightarrow \quad \omega = \dfrac{\pi}{d}$

イ： $\omega d = -2\pi \quad \rightarrow \quad \omega = -\dfrac{2\pi}{d}$

したがって、③が正答である。

227

5. インターネット

○　インターネットに関する次の記述のうち、不適切なものはどれか。

（R3－25）

①　ARP（Address Resolution Protocol）は、MACアドレスからIPアドレスを知るためのプロトコルである。

②　NAT（Network Address Translation）は、プライベートIPアドレスとグローバルIPアドレス間の変換を行う機能である。

③　TCP（Transmission Control Protocol）は、フロー制御や再送制御などの機能を持つ。

④　DNS（Domain Name System）は、IPアドレスとFQDN（Fully Qualified Domain Name）との対応関係を検索し提供するシステムである。

⑤　DHCP（Dynamic Host Configuration Protocol）は、IPアドレスやネットマスクなど、ネットワークに接続するうえで必要な情報を提供可能なプロトコルである。

【解答】　①

【解説】①ARPは、IPアドレスからMACアドレスを取得する機能を提供するプロトコルであるので、不適切な記述である。

②NATは、LAN側で使用するプライベートIPアドレスと、インターネット側で使用するグローバルIPアドレスの相互変換を行うので、適切な記述である。

③TCPは、伝送制御プロトコルで、フロー制御や再送制御などの機能を持っているので、適切な記述である。

④DNSは、インターネットなどで用いるホスト名の表記方法である
FQDNとIPアドレス情報の相互変換や検索機能などを提供するので、
適切な記述である。

⑤DHCPは、ネットワークに接続するうえで必要な情報の集中管理と
自動割り当てを行うプロトコルであるので、適切な記述である。

なお、平成28年度試験において、同一の問題が出題されている。

○　インターネット及びその関連技術に関する次の記述のうち、最も不適
切なものはどれか。　　　　　　　　　　　　　　　　　　（R1再−32）

①　MPLS（Multi−protocol Label Switching）は、トランスポート層の
技術で、IPヘッダの前に付与されるラベルとIPアドレスを見て転送
処理を行うため、転送処理の高速化を図ることが可能である。

②　TCPは信頼性を確保するためのコネクション型のプロトコルである
のに対して、UDPはコネクションレス型のプロトコルでマルチキャス
ト通信などに使用される。

③　経路制御（ルーティング）の代表的なプロトコルであるRIP（Routing
Information Protocol）は距離と方向を用いてルーティングを行う距離
ベクトル型、OSPF（Open Shortest Path First）はネットワーク全体
の接続状態に応じてルーティングを行うリンク状態型に分類される。

④　DNS（Domain Name System）は、ホスト名（ドメイン名）とIP
アドレスとの対応関係を検索し提供するシステムである。

⑤　SNMP（Simple Network Management Protocol）は、TCP／IPの
ネットワーク管理において、必要な情報の取得などを行うために利用
される。SNMPは、UDP／IP上で動作するプロトコルである。

【解答】　①

【解説】①MPLSは、IPパケットを転送する際に、IPアドレスは使用せず、
「ラベル」の情報を使用して高速なスイッチングを行うので、不適切
な記述である。

②TCPは、トランスポート層に属しているコネクション型のプロトコ

ルで信頼性は高い。一方、UDPは、トランスポート層に属している
コネクションレス型のプロトコルで、信頼性を高める機能を有して
いないので、1対多のマルチキャスト通信などの使用されている。
よって、適切な記述である。

③RIPは距離ベクトル型で、ホップ数が少ない経路を優先使用する。
一方、OSPFは、ホップ数の情報だけでなく、ネットワークの状態
も考慮するリンク状態型である。よって、適切な記述である。

④DNSは、名前解決に用いるシステムで、ホスト名とIPアドレスと
の相互変換機能や対応関係を検索し提供するので、適切な記述であ
る。

⑤SNMPは、ネットワーク機器やサーバーの遠隔管理を行うための
TCP／IPベースのプロトコルであるので、適切な記述である。

なお、平成29年度試験において、類似の問題が出題されている。

○　次のIPアドレス（IPv4アドレス）のブロードキャストアドレスとして、
最も適切なものはどれか。　　　　　　　　　　　　　　　　　（R1－30）

170. 15. 16. 8／16

① 170. 15. 16. 0　　　② 170. 15. 0. 0　　　③ 170. 15. 16. 255

④ 170. 15. 255. 255　　⑤ 255. 255. 0. 0

【解答】　④

【解説】IPアドレスでは、アドレス範囲の両端の値をネットワークアドレス
とブロードキャストアドレスに使用する。ネットワークアドレスは、ホ
スト部の2進数のビットがすべて0のアドレスで、ブロードキャストア
ドレスは、ホスト部の2進数のビットがすべて1のアドレスである。こ
の問題の場合は、上位16ビットがネットワーク部＝［170.15］で、残り
の16ビットがホスト部＝［16.8］であるので、ホスト部の2進数のビッ
トがすべて1ということは、$11111111_2 = 255_{10}$から、170.15.255.255と
なる。

したがって、④が正答である。

第6章

電 気 設 備

　電気設備においては、これまで電源設備、配電設備他、電気設備技術基準の3項目から出題されています。

　電源設備に関しては、力率、電源品質、蓄電池などの項目について出題されています。最近では分散型電源と電源の品質が注目されていますので、そういった傾向の問題がこれからも多く出題されると考えられます。

　配電設備他に関しては、交流遮断器やケーブル、電圧変動率、ヒートポンプなどを扱った問題が出題されています。

　電気設備技術基準に関しては、条項に示された内容を確認する問題が出題されています。

1. 電　源　設　備

○　電気設備の力率改善に関する次の記述の、□□□□に入る語句及び数
値の組合せとして、適切なものはどれか。　　　　　　　　　　（R3−34）

　　電動機などの誘導性負荷が接続された回路において、遅れ　ア　を、
並列接続したコンデンサの進み　イ　により補償し、　ウ　を低減
することを力率改善という。

　　力率を　エ　に近づけることにより、回路電流が減少し、電力損失
や電圧降下を低減できる。

	ア	イ	ウ	エ
①	有効電力	有効電力	皮相電力	1
②	有効電力	有効電力	皮相電力	0
③	無効電力	有効電力	消費電力	1
④	無効電力	無効電力	皮相電力	1
⑤	無効電力	無効電力	皮相電力	0

【解答】　④

【解説】誘導性負荷では、コイルの自己誘導によって磁束が変化して逆起電力
　　　　が発生するため、電流の位相は電圧の位相より遅れる。そのため、遅れ
　　　　「無効電力」（アの答え）が生じる。一方、コンデンサでは電流の位相が
　　　　電圧の位相より進むので、進み「無効電力」（イの答え）が生じる。そ
　　　　のため、コンデンサを並列接続すると遅れ無効電力を低減するので、
　　　　「皮相電力」（ウの答え）を低減する。これを力率改善という。なお、力
　　　　率は電圧と電流の位相差θを使って$\cos\theta$で表すが、力率改善は$\theta \to 0$と
　　　　する操作であり、$\cos 0 = 1$であるので、1に近づける。よって、エは「1」

である。

したがって、無効電力－無効電力－皮相電力－1となるので、④が正答である。

○ 下図のように発電機が、容量290 kVA、力率遅れ0.75の負荷に電力を供給しながら、電力系統に並列して運転している。発電機の出力が1.1 MVA、力率遅れ0.85のとき、発電機が電力系統に送電する電力の力率として、最も近い値はどれか。　　　　　　　　　　　　　(R2－15)

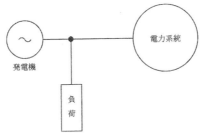

① 遅れ0.82　　② 遅れ0.85　　③ 遅れ0.88

④ 遅れ0.91　　⑤ 遅れ0.94

【解答】　③

【解説】負荷の有効電力と無効電力は次のようになる。

$$有効電力 = 290 \times 0.75 = 217.5 \ [\text{kW}]$$

$$無効電力 = \sqrt{290^2 - 217.5^2} \fallingdotseq 191.8 \ [\text{kVar}]$$

発電機の有効電力と無効電力は次のようになる。

$$有効電力 = 1100 \times 0.85 = 935 \ [\text{kW}]$$

$$無効電力 = \sqrt{1100^2 - 935^2} \fallingdotseq 579.5 \ [\text{kVar}]$$

電力系統に送電する有効電力と無効電力は次のようになる。

$$有効電力 = 935 - 217.5 = 717.5 \ [\text{kW}]$$

$$無効電力 = 579.5 - 191.8 = 387.7 \ [\text{kVar}]$$

$$皮相電力 = \sqrt{717.5^2 + 387.7^2} \fallingdotseq 815.5 \ [\text{kVA}]$$

$$力率 = \frac{717.5}{815.5} \fallingdotseq 0.88$$

したがって、③が正答である。

　　なお、平成18年度、平成21年度および平成28年度試験において、類
似の問題が出題されている。

○　同期発電機とインバータの並列運転で電力を供給しており、同期発電
機の出力は500 kVAで力率が0.6（遅れ）、インバータの出力は有効電力
が300 kWで力率が1.0であるとする。このとき、得られる合計出力の
力率に最も近い値はどれか。　　　　　　　　　　　　　　　　（R1－16）

①　0.80（遅れ）　　②　0.83（遅れ）　　③　0.86（遅れ）

④　0.89（遅れ）　　⑤　0.92（遅れ）

【解答】　②

【解説】同期発電機の出力は500 kVAで力率が0.6（遅れ）であるので、300
　　　　kW、400 kVarとなる。それに300 kWのインバータが並列運転してい
　　　　るので、合成容量は600 kW、400 kVarとなる。よって力率は次の式で
　　　　求められる。

$$力率 = \frac{kW}{kVA} = \frac{600}{\sqrt{600^2 + 400^2}} = \frac{600}{\sqrt{520000}} = \frac{6}{2\sqrt{13}} \fallingdotseq 0.832$$

　　　　したがって、②が正答である。

　　　　なお、平成17年度および平成20年度試験において、類似の問題が出題
　　　　されている。

○　あるビルの蓄電池設備計画では、次の2条件を満たすことが求められ
るという。第一に停電発生からその復旧までの所要時間を1時間とし、
この間の平均使用電力が5 kWであること、また、第二に停電復旧後に
復電に必要な開閉器駆動に50 kWの電力が必要で、これにかかる時間
が36秒であることである。この蓄電池に最低限必要な電流容量に最も
近い値はどれか。ただし、蓄電池の定格電圧は100 Vであり、蓄電池の
放電損失はないものとする。　　　　　　　　　　　　　　　（R1再－35）

①　40 Ah　　②　45 Ah　　③　50 Ah　　④　55 Ah　　⑤　60 Ah

【解答】 ④

【解説】 停電時間の1時間には、5 [kW] ／ 100 [V] ＝ 50 [A] の電流が必要である。また、開閉器駆動の時間（36秒）には、50 [kW] ／ 100 [V] ＝ 500 [A] の電流が必要である。これらの条件から最低限必要な電流容量（アンペアアワー［Ah］）は、次の計算式で求められる。

$$50\,[\text{A}] \times 1\,[\text{h}] + 500\,[\text{A}] \times \frac{36}{60 \times 60}\,[\text{h}] = 50 + 5 = 55\,[\text{Ah}]$$

したがって、④が正答である。

なお、平成25年度試験において、同一の問題が出題されている。

2. 配電設備他

○　変電所等で用いられる避雷器に関する次の記述の、 _____ に入る語句の組合せとして、適切なものはどれか。　　　　　　（R3－35）

避雷器は、変電所に高電圧サージが侵入したとき、インピーダンスを ア させることによって電圧を低下させ、他の機器を保護する装置である。避雷器が動作し電流が流れる際には、避雷器の端子に イ が発生する。この イ が避雷器の保護能力を示す重要な値である。避雷器に用いられる素子としては、 ウ が理想的な電圧電流特性に近く、広く使われている。

	ア	イ	ウ
①	低下	逆電圧	酸化亜鉛
②	上昇	制限電圧	架橋ポリエチレン
③	上昇	制限電圧	酸化亜鉛
④	上昇	逆電圧	架橋ポリエチレン
⑤	低下	制限電圧	酸化亜鉛

【解答】　⑤

【解説】高電圧サージが発生した際には、避雷器はインピーダンスを「低下」（アの答え）させて、電流をすみやかに大地に流して、短時間に電圧を低下させる。避雷器の放電中に両端子間に発生する電圧を「制限電圧」（イの答え）といい、放電電流の波高値および波形によって定まる。制限電圧は避雷器の保護能力を示す重要な値である。最近では、酸化亜鉛形避雷器が広く用いられているので、ウは「酸化亜鉛」である。なお、架橋ポリエチレンは、CVケーブルなどに使われている絶縁材料である。

したがって、低下－制限電圧－酸化亜鉛となるので、⑤が正答である。

○ 高電圧用ケーブルに関する次の記述の、　　　　に入る語句の組合せ
として、最も適切なものはどれか。　　　　　　　　　　（R2－35）

高圧設備に使用されるケーブルには、OFケーブルとCVケーブルが
ある。OFケーブルはクラフト紙と絶縁油で絶縁を保つケーブルである。
CVケーブルは、OFケーブルと異なり絶縁油を使用せずに　ア　で絶
縁を保つケーブルである。CVケーブルの特徴はOFケーブルよりも燃
え難く、軽量で、　イ　が少なく、保守や点検の省力化を図ることが
できる。CVケーブルは、　ア　の内部に水分が侵入すると、異物や
ボイド、突起などの高電界との相乗効果によって、　ウ　が発生して
劣化が生じる。

	ア	イ	ウ
①	架橋ポリエチレン	誘電体損	トリー
②	ポリエチレン	銅損	軟化
③	クロロプレン	銅損	硬化
④	架橋ポリエチレン	鉄損	トリー
⑤	ポリエチレン	誘電体損	硬化

【解答】　①

【解説】OFケーブルは油入ケーブルであり、CVケーブルは架橋ポリエチレン
　　　　絶縁ケーブルであるので、アは「架橋ポリエチレン」である。CVケー
　　　　ブルは比誘電率が小さいので、「誘電体損」（イの答え）が少ない。プラ
　　　　スチック材料である架橋ポリエチレンは完全な透水性能は期待できない
　　　　ので、架橋ポリエチレン内部に水分が侵入すると、水トリー現象が発生
　　　　し劣化する。よって、ウは「トリー」である。

　　　　したがって、架橋ポリエチレン－誘電体損－トリーとなるので、①が
　　　　正答である。

　　　　なお、平成30年度試験において、同一の問題が出題されている。

○　交流遮断器の性能に関する次の記述の、[　　　　]に入る語句の組合せ
として、最も適切なものはどれか。　　　　　　　　　　　　　（R1－35）

　　遮断器は、電力系統や機器などの[　ア　]を連続通電し、また開閉す
ることができ、この連続して通じうる電流の限度を[　イ　]という。ま
た、短絡などの事故発生時には、[　ウ　]を一定時間流すことができ、
また遮断することもでき、この遮断できる電流の限度を[　エ　]という。

	ア	イ	ウ	エ
①	負荷電流	定格遮断電流	定格電流	定格投入電流
②	負荷電流	定格電流	事故電流	定格遮断電流
③	負荷電流	定格遮断電流	事故電流	定格投入電流
④	事故電流	定格電流	負荷電流	定格投入電流
⑤	事故電流	定格電流	負荷電流	定格遮断電流

【解答】　②

【解説】負荷電流とは、電気機器などの電気負荷に流れる電流のことであり、
　　　　事故電流とは、短絡事故などの電気的な事故が発生した際に流れる電流
　　　　のことである。よって、アは「負荷電流」で、ウが「事故電流」になる。
　　　　遮断器の定格電流とは、定格電圧・定格周波数のもとに規定された温度
　　　　上昇限度を超えないで、その遮断器に連続して通じうる電流であるので、
　　　　イは「定格電流」になる。また、定格遮断電流は、規定の標準動作責務
　　　　と動作状態に従って遮断することができる遮断電流の限度であり、定格
　　　　投入電流は短絡回路でも安全に投入できる電流であるので、エは「定格
　　　　遮断電流」になる。

　　　　　したがって、負荷電流－定格電流－事故電流－定格遮断電流となり、
　　　　②が正答である。

　　　　　なお、平成22年度および平成28年度試験において、同一の問題が出題
　　　　されている。

○　定格が15 kVAの単相変圧器において漏れインピーダンスは3%であるとする。この変圧器の低圧側に5 kVA、力率0.8遅れの負荷をかけた状態から負荷を遮断したときの低圧側電圧の変動率に最も近い値はどれか。ただし、変圧器の巻線抵抗、励磁アドミタンスは無視し、高圧側電圧は負荷遮断の前後で変わらないものとする。　　　　　　(H27－16)

①　0.4%　　②　0.6%　　③　0.8%　　④　1.2%　　⑤　1.4%

【解答】　②

【解説】低圧側電圧の変動率（ε）は、回路の抵抗を R［Ω］、回路のリアクタンス X［Ω］を用いて％インピーダンスで示すと次の式のようになる。

$$\%\varepsilon = \frac{負荷皮相容量}{基準皮相容量} \times (\% IR \cos\theta + \% IX \sin\theta)$$

この場合に力率（$\cos\theta$）= 0.8　であるので、$\sin\theta = 0.6$　となる。

また、変圧器の巻線抵抗、励磁アドミタンスは無視するとされているので、

　　　$\% IR = 0$、$\% IX = 3$［%］

よって、

$$\%\varepsilon = \frac{5}{15} \times (0 \times 0.8 + 3 \times 0.6) = 0.6 ［\%］$$

したがって、②が正答である。

なお、平成23年度試験において、ほぼ同一の問題が出題されている。

○　ヒートポンプに関する次の記述の、□□□に入る語句の組合せとして最も適切なものはどれか。　　　　　　(H27－35)

近年、広く普及したヒートポンプ式の加熱装置は、低温部から熱を移動して高温部に伝送する装置である。効率の良さを表す指標としては　ア　が用いられ、略称はCOPである。その定義は、電気式で加熱の場合、　イ　を　ウ　で割ったものである。COPは通常1を大きく　エ　いる。

	ア	イ	ウ	エ
①	成績係数	電気入力	有効加熱熱量	上回って
②	成績係数	有効加熱熱量	電気入力	上回って
③	成績係数	電気入力	有効加熱熱量	下回って
④	増幅係数	電気入力	有効加熱熱量	下回って
⑤	増幅係数	有効加熱熱量	電気入力	上回って

【解答】　②

【解説】ヒートポンプの効率の良さを表す指標は、「成績係数」（アの答え）で表すが、成績係数の式は次のとおりである。

$$成績係数（COP）= \frac{機器の出力効果}{機器への入力エネルギー}$$

　加熱する場合のヒートポンプの出力効果は熱量であるので、イは「有効加熱熱量」になる。また、電気式の場合の機器への入力エネルギーは電気入力であるので、ウは「電気入力」になる。加熱する場合のCOPは、通常1を大きく「上回って」（エの答え）いる。

　したがって、②が正答である。

　なお、平成18年度試験において、同一の問題が出題されている。

3. 電気設備技術基準

○ 電気設備の接地に関する次の記述の、□□□に入る語句の組合せとして最も適切なものはどれか。　　　　　　　　　　　　(H29-35)

電路の保護装置の確実な動作の確保や　ア　の低下を図って、　イ　を抑制するため電路の　ウ　に接地を施す場合がある。

	ア	イ	ウ
①	異常高温	過電流	線路導体
②	一線地絡電流	異常電圧	中性点
③	回転数	過電流	線路導体
④	通信雑音	過電流	末端
⑤	対地電圧	異常電圧	中性点

【解答】　⑤

【解説】電気設備技術基準の解釈の第19条に『電路の保護装置の確実な動作の確保、「異常電圧」（イの答え）の抑制又は「対地電圧」（アの答え）の低下を図るために必要な場合は、（中略）、次の各号に掲げる場所に接地を施すことができる。』とされており、一号に電路の「中性点」（ウの答え）が示されている。

したがって、対地電圧－異常電圧－中性点となるので、⑤が正答である。

なお、平成23年度試験において、類似の問題が出題されている。

お わ り に

　かつて電気電子部門では、専門科目の範囲から均等に問題を出題するという方針がとられていましたが、最近では「電気応用」の電気回路や電磁気学などを代表とする、図や表を使って条件を示した問題の解答を、計算で導き出すという形式の問題が中心になっています。そういった傾向の変化を反映して10年超もの期間本著を改訂していると、かつては出題が多かった、「電気応用」の光源や「情報通信」の光通信などの問題が、最近では出題されなくなっているなどの点から、電気電子部門で注目されている技術が変化していることを強く感じます。

　どういった問題が出題されているかを知るには、多くの問題に実際に触れてもらうのが一番です。しかし、単に年度別に試験問題を見るだけでは、どういった傾向の問題が出題されているのかや、どういった計算手法を重点的に覚えなければならないかを理解できるようにはなりません。また、年度によって出題項目の並び順が違っている試験問題を問題番号順に解いてみても、なかなか知識として自分の中に取り込むことはできません。そういった点に対して、本著では過去に出題された問題を項目別に整理してありますので、繰り返し出題されている問題が何かを知るとともに、その解き方を集中的に勉強できるようになっています。さらに、過去に類似の出題がなされたものについては、解説の後に出題された年度を示し、どのくらいの頻度で出題されているかがわかるように配慮しました。

　また、本著では皆さんが社会人として忙しい立場にあるという点を考慮して、無理なく勉強してもらえるように、通勤の電車の中でも勉強できるよう配慮して制作されています。受験者には当然それぞれの項目で得手不得手があると思いますので、実際に出題が多い項目で自分が苦手なものが何かを理解してもらい、そこを重点的に強化してもらいたいと考えています。

　なお、技術士第一次試験を突破できた暁には、本番の技術士第二次試験が大

きな関門として皆様の前に立ちふさがります。その技術士第二次試験を突破するための対策については、著者は下記の書籍を出版しておりますので、これらを活用して技術士の資格を勝ち取ってください。

- 筆記試験対策

  『技術士第二次試験「電気電子部門」論文作成のための必修知識』

  『技術士第二次試験「電気電子部門」過去問題〈論文試験たっぷり100問〉の要点と万全対策』

- 論文基本対策

  『例題練習で身につく　技術士第二次試験論文の書き方　第6版』

- 口頭試験対策

  『技術士第二次試験「口頭試験」　受験必修ガイド　第6版』

少なくとも、これからも技術士の必要性がいっそう高まっていくのは間違いありません。その中で、読者の多くが、難しいといわれている電気電子部門の技術士となって、技術士法第1章第1条の目的のとおり、科学技術の向上と国民経済の発展に資するようになってもらいたいと思います。

2023年4月

福 田 　遵

編著者紹介——

福田　遵 （ふくだ　じゅん）

技術士（総合技術監理部門、電気電子部門）

1979年3月東京工業大学工学部電気・電子工学科卒業

同年4月千代田化工建設(株) 入社

2000年4月明豊ファシリティワークス(株) 入社

2002年10月アマノ(株) 入社、パーキング事業部副本部長

2013年4月アマノメンテナンスエンジニアリング(株) 副社長

2021年4月福田遵技術士事務所代表

公益社団法人日本技術士会青年技術士懇談会代表幹事、企業内技術士委員会委員、神奈川県技術士会修習委員会委員などを歴任

所属学会：日本技術士会、電気学会、電気設備学会会員

資格：技術士（総合技術監理部門、電気電子部門）、エネルギー管理士、監理技術者（電気、電気通信）、宅地建物取引士、認定ファシリティマネジャー等

著書：『技術士第一次試験「基礎科目」標準テキスト　第4版』、『技術士第一次試験「適性科目」標準テキスト　第2版』、『技術士第一次第二次試験「電気電子部門」受験必修テキスト　第4版』、『技術士第二次試験「電気電子部門」論文作成のための必修知識』、『技術士第二次試験「電気電子部門」過去問題〈論文試験たっぷり100問〉の要点と万全対策』、『例題練習で身につく　技術士第二次試験論文の書き方　第6版』、『技術士第二次試験「口頭試験」受験必修ガイド　第6版』、『トコトンやさしい電線・ケーブルの本』、『トコトンやさしい電気設備の本』、『トコトンやさしい発電・送電の本』、『トコトンやさしい熱利用の本』（日刊工業新聞社）等

技術士第一次試験「電気電子部門」
択一式問題 200 選　第 7 版　　　　　　　NDC 507.3

2006 年　3 月 24 日	初版 1 刷発行	
2008 年　4 月 17 日	初版 2 刷発行	
2009 年　3 月 17 日	第 2 版 1 刷発行	
2011 年　6 月 24 日	第 2 版 2 刷発行	
2012 年　4 月 12 日	第 3 版 1 刷発行	
2014 年　3 月 14 日	第 4 版 1 刷発行	
2016 年　6 月　8 日	第 4 版 2 刷発行	
2017 年　3 月 17 日	第 5 版 1 刷発行	
2020 年　5 月 15 日	第 6 版 1 刷発行	
2022 年　4 月 28 日	第 6 版 2 刷発行	
2023 年　5 月 25 日	第 7 版 1 刷発行	

（定価は、カバーに表示してあります）

　Ⓒ 編 著 者　　福　田　　　遵
　　発 行 者　　井　水　治　博
　　発 行 所　　日 刊 工 業 新 聞 社
　　　　　　　東京都中央区日本橋小網町 14-1
　　　　　　　　（郵便番号　103-8548）
　　　　　電話　書 籍 編 集 部　03-5644-7490
　　　　　　　　販売・管理部　03-5644-7410
　　　　　　　　　　　　FAX　03-5644-7400
　　　　　　　　振替口座　　00190-2-186076
　　　　URL　https://pub.nikkan.co.jp/
　　　　e-mail　info@media.nikkan.co.jp

印刷・製本　新日本印刷株式会社
組　　版　メディアクロス